近岡裕 日経BP 編集委員

技術者天国

日亜化学工業、知られざる開発経営

Engineers' Paradise

日経BP

はじめに

「今、当社のテレビ事業の売却を受けてくれる企業は、まずないと考えている」――。

衝撃の発言だった。高いブランド力を誇っていた日本メーカーの社長が、「家電の王様」とも評されたテレビ事業をリストラ対象に位置付けたのだ。しかも、その知名度をもってしても、事業ごと買ってくれそうな企業が世界中を探しても見つからないというのである。

家電業界では、日本でトップクラスの企業でも十分な利益を出せずに苦しんでいる。中国をはじめとする新興国の製造業が急成長し、日本企業がこれまで維持してきたシェアを徐々に奪っているからだ。家電以外のエレクトロニクス業界も産業機器も、似たような状況に陥っている。

自動車業界も例に漏れない。電動化や知能化に関する開発スピードで中国企業の後じんを拝し、日本が誇る世界的なメーカーが独立経営の危機に瀕《ひん》している。電気自動車（ＥＶ）

の装備を見ると、洗練された内装および外観のデザインや、中国企業が自動運転機能と呼ぶ先進運転支援システム（ADAS）などの点で、日本車の先を行っていると認めざるを得ない。

なぜ、こうなってしまったのか。

詰まるところ、機能や性能、品質の面で中国企業の製品との差異が薄れてきており、価格勝負に持ち込まれているからだ。ある製品を量産すると決まったときの中国企業のパワーはすさまじい。人・物・金といった経営資源を存分に投入し、量産効果を最大限に生かしてコスト削減を図り、日本企業の製品よりも低価格な製品を造ってしまう。もちろん製品にもよるが、価格差は2〜3割違うケースは珍しくない。

低価格競争一辺倒になれば、多くの日本企業に勝ち目はない。やはり、高くても売れる付加価値を乗せた製品を生み出さなければ、これからの日本企業は勝ち残ることは難しくなる。逆に言えば、日本企業が今、抱えている最大の問題は、「付加価値を生み出せていない」ことに尽きる。

では、どうしたら付加価値を生み出せるのか。口で言うほど簡単なことではないのは分かっている。それでも、悩める日本企業に何かヒントを与えてくれる企業はないか。そう考えて見つけ出したのが、日亜化学工業である。

日亜化学工業は過去30年で売上高を30倍にした会社だ。2024年12月期は2次電池の正極材料に関する原料在庫の評価損という特殊要因によって足踏みしたものの、主力の光半導体事業については成長を続けており、日本の製造業において高い成長力と収益力を誇る企業の1つである。

日亜化学工業の成長力と収益力の源泉は、付加価値の高いものづくりにある。その代表格は、「20世紀に実現は難しい」と言われた青色発光ダイオード（LED）であり、青色LEDと蛍光体とを組み合わせたシンプルな構造の白色LEDだ。さらに、開発の難易度がLED以上に高い青色半導体レーザーも忘れてはならない。こうした世の中にない画期的な製品を創造し、さらに性能や品質でも他社の追随を許さない新製品を生み出し続ける取り組みが、同社に競争優位性をもたらしているのだ。

今でこそ大企業だが、光半導体を開発する前は地方の一企業と見なされていた。そうした企業が大手企業の向こうを張って、高輝度な青色LEDをはじめ、白色LED、半導体レーザーの開発・量産に成功した。

なぜ、日亜化学工業は付加価値の高い製品を生み出し続けられるのか。

その答えを記したのが本書である。結論を言えば、日亜化学工業は「技術者天国」と呼べる環境をつくっている。技術者が自ら取り組みたいと願う研究や開発テーマに取り組ませ、そのために必要な資金や設備、人員はできる限り会社が手当てする。目標は高く掲げて挑戦を促す一方で、失敗したときには一切、責めない。むしろ、失敗したことで駄目だと分かったことを新たな知見と捉えて、再挑戦の背中を押す。

付加価値の高い製品を生み出せと号令を発する経営者は多い。だが、それが可能な環境づくりを意識し、実践している日本企業はどれくらいあるだろうか。本書に記した日亜化学工業の知られざる開発経営は、日本企業の競争力の強化にきっと役立つと信じている。

2025年4月

近岡 裕

目次

第3章 LED開発物語

第4章 半導体レーザー開発物語

第5章 なぜ日亜は開発に成功したのか

第6章 小川英治会長の頭の中 ——日亜化学の真の成長源——

第7章 成長の秘密 ――小川裕義社長を直撃――

第8章 生産力と品質力の秘密

第9章

「最強」の知財部門

第10章

「技術者天国」が生んだ青色LED

第11章 青色LEDを最初に光らせた研究者

第1章

「技術者天国」と呼ばれるワケ

1

驚異的な成長
―この30年で売り上げが30倍に―

「日亜化学工業《にちあかがくこうぎょう》」という社名を知っている人は、製造業に従事する人か、かなり〝できる〟ビジネスパーソンだろう。製造業で働くビジネスパーソンの間では、この会社を「日亜化学」あるいはもっとシンプルに「日亜《にちあ》」と呼ぶ。

ところが、一般の人はもちろん、ビジネスパーソンでも製造業以外の業界で働く人を対象とすると、その知名度は一気に低下する。最近は、地の利がある関西圏ではかろうじて名が通ってきつつあるようだが、関東圏になると相当厳しい。

試しに「日亜化学工業って、知ってますか?」と筆者が働いている出版社の編集アシスタントに聞いてみたところ、きょとんとした表情で「え? 知りません」という言葉が返ってきた。仮に東京の街を歩く人に無作為に同じ質問をしたとしても、きっと同じような回答が得られることだろう。

日亜化学工業の業績と従業員数

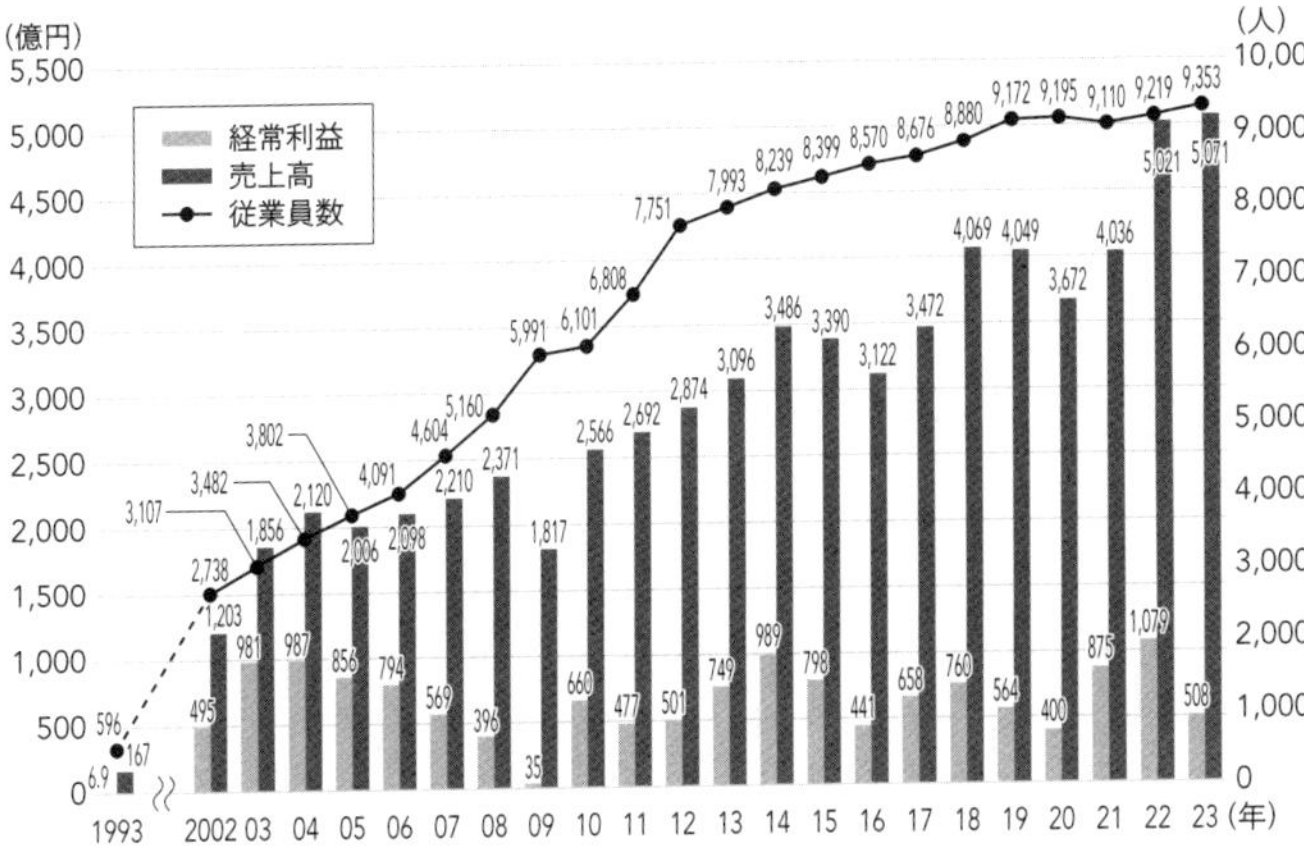

この 30 年で売り上げは 30 倍に伸びた。従業員数は 15 倍以上に増えている。
（出所：日亜化学工業の資料を基に筆者が作成）

だが、この会社を「日亜」と呼ぶ人たちはほぼ例外なく、この会社のすごさを知っている。製造業、すなわち「ものづくり一本」で徳島県阿南市という地方の中小企業から驚くべき成長を遂げた「世界的企業」だからだ。

売上高は、この15年で2倍、この30年ではなんと30倍も伸びた。２０２３年12月期で５０７１億円に達し、徳島県の企業では第１位。対象を四国に広げても、社会インフラを担う四国電力に次いで第2位。製造業では四国で堂々とトップを走る大企業なのである。

その日亜化学工業は、発光ダイオード

（ＬＥＤ）や半導体レーザーといった電気を光に変換する半導体である「光半導体」を主力事業として展開する企業で、世界一のＬＥＤメーカーでもある。技術開発志向を貫き、グローバルで稼ぐ一方で、徳島県を中心に「世界一のものつくり」（同社）にこだわる高収益企業だ。

なぜ成長が続き、高い収益を上げられるのか。同社を取材すると、経営に関して他社にはないユニークな考え方があることが分かった。

紙1枚の稟議書で数十億円がぽんと出る

日亜化学工業は、実に面白い会社だ。なにしろ、**年間予算がない**。予算の枠がないのに、年間で**何十億円を申請しようと承認が下りる**のだ。例えば、「研究所を横浜市に移転するので、こういう設備を買って、それにはいくらかかる」と言えば、将来の投資だから異議なしとして稟議《りんぎ》が通る。実際、その通りになっている。

これを聞いた時、筆者は「年間予算がなくて会社を経営できるのだろうか？」と驚いた。

もちろん、明らかに無謀な提案は通らないし、既存事業の拡張工事などの提案には厳しい審査が待っている。要は直接事業に絡み、短期的な収益を気にするものは当然、きちんとした収益計算を行う。

ところが、いざ研究開発となると話は別だ。提案するグループや**個人の「やる気」や「意気込み」**を見て、**会長や社長が「面白い」と思えば、その場で投資が決まる。**提案の中身や実現の可能性も一応は探るものの、本当に確認するのは、提案してきたグループや個人が「どこまでやり切る覚悟があるか」だ。精神論のようにも感じるが、事実である。

「研究者にとって面倒なことが全くない。会社が描いたものづくりのストーリー（経営方針）にいくらか関係があるものなら、やらせてもらえる」と、青色ＬＥＤの開発メンバーでもあった日亜研究所特別主席研究員で博士の向井孝志氏は証言する。

日亜化学工業がそうするのは「研究開発はやってみないと分からない」（同社）と考えているためだ。だったら、意気込みに懸けてやらせてみようというのである。

「それは面白いな。君の話に乗ってあげよう」

これが会長や社長の口から出てくる決まり文句である。

「稟議書なんか後でいい」

しかも、**稟議が「異常」なほどシンプル**。文字通り、**紙ペラ1枚**なのだ。最近は電子化されているが、印刷すればA４判１枚の稟議書にすぎない。これだけで、**数十億円でも通る**。

稟議の期間は数日どころか、場合によっては**15分で承認される**こともある。逆に、稟議書をきっちり回していて時間がかかっていると、会長や社長から叱責されることすらあるという。

「そんな書類なんか、後でいいじゃないか。頼んでもすぐに納入されないのだから、要ると思ったら**先に承認**して、**後で稟議書を回しなさい**」

急いでいる案件ならこうしたケースもあるというのである。

稟議書というのは上司、そのまた上司、最後に役員クラスまで順々に上げていくものではないのか。いやいや、それでは遅すぎると考えるのが日亜化学工業流である。

例えば、研究開発に早く取り掛かりたいと思えば、**会長が出席する会議でいきなり提案**してしまう。驚くことに、**担当者が直接会長に提案できる場があるの**だというのだ。そこで会長に話を聞いてもらい、どうしても通したいという意気込みさえ伝えれば、大抵の場合は「面白いからやってみなさい」という言葉が返ってくるというのである。

もちろん、いきなり技術者個人が上長にも相談せずに提案するということはない。だが、グループの総意として「どうしてもこれをやりたい」という提案であれば、まず通るという。

こうした日亜化学工業の投資判断やスピードの速さに最も驚いているのが、大手電機メーカーから日亜化学工業に転職してきた技術者だ。なぜなら、何度も稟議書を書き直し、ようやく資金を出してもらえると思ったら、最後に蹴られてやっぱり資金を出してもらえなかった……という苦い経験をしている人が少なくないからだ。

こうした日亜化学工業について、同社のある技術者は言う。

「技術者には、**天国過ぎてびっくりする**」

だが、年間予算がない上に、そんなに

日亜化学工業の本社全景

徳島県阿南市にある。（写真：日亜化学工業）

早く投資を決めてしまって、果たして経営が成り立つものなのだろうか。

技術者は「金を使え」

実は、日亜化学工業は**短期での投資回収を考えない**。経営陣が経営を単年度で切る見方はしていないというのだ。なぜなら多くの場合、研究開発は1年程度で結果が出るものではなく、3年、5年、10年といった時間がかかるものだからである。

研究所に対し、会長や社長がよく言うのはこうだ。

「お金を使いなさい」

会長や社長がこう言うのは、研究所が資金を使って新しい研究開発を始めたり、新しい設備などを導入したりしないと、会社の発展がないと考えているからである。

研究開発や設備への投資を抑えたら、数年後には利益が落ちていく。この危機感を伝えるために、会長や社長は役員会で口を酸っぱくして次のように言っている。

「我々は、**籠の中で回し車を回しているねずみと同じ**だ。**投資をやめると、うちは終わってしまう。**だから、走り続けないといけない。ねずみが足を動かしているのが、うちにとっての投資だ。やめたら駄目だ」

従って、**技術者はお金を使わなければならない。**やりたいことを考えて、それを実行するのが技術者の仕事。そのために必要なお金を用意するのは経営者の仕事。たとえ予算がなくても、**お金を集めてくるのが経営者の務め**だ。これが日亜化学工業の経営陣の考えなのである。

適度な緊張感

果たして、技術者の提案にそんなに気前良く投資して、会社が傾いたりしないのだろうか。

だが、そんな心配は無用のようだ。むしろ**技術者の心意気を応援**することが、技術者に**適度な緊張感を与えて成果が出やすくなる**と、日亜化学工業の経営陣は見ている。

まず、技術者としては言い訳ができない。会社が投資しなければ、「装置を買ってくれなかったからうまくいかなかった」などと言える。ところが、日亜化学工業では、実際に資金を投じて本人が希望する環境を整えてくれる。するとその分、技術者としては「結果を出さなければならない」と感じるようになる。

しかも、それが圧力にはならない。誰かから言われたものではなく、**自分でやりたいと手を挙げた研究開発**だからだ。従って、そのプレッシャーは自分の**内側から湧いてくるプレッシャー**となる。すなわち、**モチベーションが高まる**というのである。

「人間はやれと言われたことは、あまりやろうとしないものだ。だから、やる気にさせるというよりも、**その気にさせる。技術者の自発性を引き出す**一方で、**経営陣は資金面で応援**する。これが**技術開発力の根源**になっている」（日亜化学工業）

失敗という概念がない

研究開発に失敗はつきものだ。新しいこと、難しいことに挑戦するのだから、当然とも言える。それでも、それなりの資金を投じているのだから、失敗したら何らかのペナルティーがあるのではないかと筆者は思った。

ところが、日亜化学工業では**失敗しても責められない**。それもそのはず。そもそも、**失敗という概念がない**からである。

「失敗したら、駄目だと分かっただけでも一歩前進。もしもそこに大きく投資していたら、会社が潰れていたかもしれない。そうなる前に気づけてよかった」

こう言えるのは、失敗もまた研究から得られた成果と捉えているからだ。むしろ、**失敗を恐れて何もしないことを会長や社長は叱責**する。

例えば、他社に先行された際に、日亜化学工業でも検討していたのに、やり切っていなかったことが判明したときなどだ。「失敗しないことよりも、**やって失敗するほうが良い**」と見なされるのが、日亜化学工業の文化なのだという。その理由は、「じっとしていたら何も出ないが、**手を動かして、頭を回していたら、何か出るだろう**」という考えを持っているからである。

年間予算がガチガチで、投資の判断は厳しく遅い。そして、失敗を責めないとは口ばかりで、実際は失敗するとマイナス評価……。日亜化学工業とは真逆の特徴を挙げたらこうなる。確かに、こんな会社が成長するのは難しそうだ。

そう考えると、日亜化学工業はものづくりの企業として理にかなった方法を採っているのかもしれない。筆者が日亜化学工業を面白いと感じるのは、そうではない企業をたくさん見てきたからなのだろう。

2 失敗は新たな挑戦の始まり

──CTOを直撃──

日亜化学工業が高成長および高収益を続けられるのはなぜか。その秘密を探るために、同社の最高技術責任者（CTO）兼日亜研究所長の成川幸男氏を直撃した。成川氏は研究者出身で、かつて研究開発に携わった経験も持っているため、この質問をぶつけるにはピッタリの人物だ。

鍵は長期視点と適時投資、内製化

──右肩上がりの成長を続けています。その原動力となっている事業は何ですか。

成川氏：「LEDおよび半導体レーザーといった光デバイスです。売上高は世界でトップ。特に、半導体レーザーは圧倒的な首位に立っており、競争相手がいないレベルで

日亜化学工業CTOの成川幸男氏

「我々は失敗を失敗で終わらせない。良いところを磨き直し、新たなチャレンジに持っていく」と語る。同社には諦めない粘り強さがあるという。（撮影：的野弘路）

す。LEDのほうは切《せっ》磋《さ》琢《たく》磨《ま》していますが、金額シェアでは1位となっています。

LED分野では、かつては5社が競争を繰り広げていました。日亜化学工業と豊田合成、米クリー、米ルミレッズ、独オスラムです。これらの企業のうち、現在も単独で事業を継続しているのは日亜化学工業だけです。

オスラムは買収されてオーストリアのエーエムエス・オスラムとなりましたが、今でも高い競争力を持っていて、日亜化学工業と「二強」とされています。しかし、売上高でも営業利益でも日亜化学工業のほうが上回ってい

CTOインタビューのポイント（その1）

1. 成長源は光デバイス
2. 長期的な開発と適時投資、内製化が奏功
3. 失敗から得た良い面を次の開発に生かす

（出所：筆者）

ます」

――日亜化学工業はなぜ勝ち抜けたのでしょうか。

成川氏：「1つは、短期的な利益だけを追求するのではなく、長期的に時間をかけて、じっくりと腰を据えた商品開発を続けてきたからです。加えて、必要な時に必要な投資を行ってきたというのも大きいと思います。

そしてもう1つは、内製化（社内で造ること）へのこだわりです。LEDなどの結晶を造るMOCVD（有機金属を使う化学的気相成長法）装置は、初期の頃から自社で造っています。他にもいろ

いろな装置や材料を内製していて、それらが競争力を生み出しているのです。
やはり、装置や材料を外部から買っていては、よそに技術が漏れてしまいます。そのため、重要な技術は日亜化学工業の中でクローズすることにしています。その戦略が利いているのでしょう」

開発を諦めない理由

――長期的な視点での商品開発の例を教えてください。

成川氏：「例えばマイクロLEDでは、2009年から開発を始めて商品化までに7年以上かかりました。マイクロLEDはチップサイズが数十μm以下の微小なLEDです。ソニーがこれを使った高画質ディスプレー技術「CLEDIS（クレディス）」を開発し、大型ディスプレーとして市場投入したのが2017年。ここまで時間がかかる技術でも、我々はじっくりと腰を据えて開発を続けてきました。
実は、当初はこれがものになるかどうかは分かりませんでした。しかし、技術的に非常に面白かったので開発を続けました。今でこそ「マイクロLED」や「ミニLED」

などと呼ばれて業界で注目を集めていますが、そうした言葉が生まれる随分前から我々はいろいろな開発を行っていて、実際に製品として市場に出せるレベルまで持ってきていました」

――開発当初のマイクロLEDは何が難しかったのでしょうか。

成川氏：「量産技術の確立です。当時はエピタキシャル成長[*1]させた単結晶の欠陥や、プロセス中の欠陥、例えばデバイスの電極などを造る際の不良などを抑え切れませんでした。他にも、微小なLEDをどのように検査したらよいかなどの問題も抱えていました。それでも開発を諦めなかったのです」

――なぜ開発を諦めなかったのですか。

成川氏：「やはり、技術が面白かったからです。「世の中にないもの」だったというのが大きいと思います。その分、ハードルは高かった。しかし、ハードルが高い技術だから

＊1　**エピタキシャル成長**　半導体製造における結晶成長技術の1つ。半導体の単結晶の基板上に、新たに単結晶を成長させること。

こそ、その開発に取り組むことで、現業のビジネスでは見えていない課題が見えてくるという効果もあります。マイクロLEDはまさにそうでした。

例えば、当時、我々は350マイクロメートル（μm）角以上のLEDを主に量産していました。その大きさでは特に気にならなかった欠陥が、マイクロLEDでは問題が顕在化してきます。それらを解決することにより、既存製品の性能向上や歩留まりの改善につながるケースがあったのです。

マイクロLEDの実用化だけを目標にしていたら、短期的には採算がなかなか取れなかったかもしれません。しかし、開発を続けることで、現業のビジネスへの波及効果が生まれました。そのため、トータルで見るとプラスとなりました。

こうした見方ができるというのが、長期的な研究開発につながっているのだと思います」

――しかも、最終的にはマイクロLED自身の商品化にも成功していますね。

成川氏：「その通りです。マイクロLED単体で採算を取ろうと考えて開発を続けていた企業なら、途中で諦めるかもしれません。そこを（現業のビジネスへの波及効果などで）工夫しながらでも続ける粘り強さが日亜化学工業にはあるのだと思います」

技術の「発展性」を評価

――改めてCTOの立場から見て、日亜化学工業の強みとは何でしょうか。

成川氏：「技術者のモチベーションやアクティビティー（活気）だと捉えています。LEDにしても半導体レーザーにしてもまだまだやれることがあるし、やりたいことがある。そうした現場の強い思いというのが、当社の強みだと感じています」

――そうした技術者の強みを引き出すために、CTOとしてどのようなことを考え、どのような手を打っていますか。

成川氏：「1つは技術の目利きの役割をきちんと果たすこと。そして、これぞと思ったところには集中的に経営リソースを投入することです。

目利きの際に重点を置いているのは、技術の発展性です。「その技術が次につながるかどうか」です。単発で終わるのなら面白みが少ない。これができると、次にこういうことができるのではないかという発展性がどれだけあるかを見極めることに注意を払っています。

このことは一緒に仕事をしているメンバーにも伝えています。すると、話がどんどん膨らんでいきます。そうなっていくと楽しいと感じます」

――発展性が発揮された事例はありますか？

成川氏：「マイクロLEDはその好例です。先述の通り、マイクロLEDは大型ディスプレーの光源として商品化しましたが、コスト面の課題などがあり、それほど数は出ませんでした。しかし、そこで終わるのではなく、今では自動車ヘッドライト用光源である「μPLS（マイクロピーエルエス）」に発展しています。

ハイビームの配光を動的に制御する「ADB（アダプティブ・ドライビング・ビーム）」と呼ばれるタイプのLEDヘッドライトの光源として商品化しました。マイクロLEDによって配光を緻密に制御し、人や対向車に対しては輝度を落としつつ、それ以外の領域はハイビームの明るさを維持するというヘッドライトです。独ポルシェの電気自動車（EV）「タイカン」に採用されました。

独インフィニオンテクノロジーズ（以下、インフィニオン）や独ヘラーと共同開発したものです。日亜化学工業のマイクロLEDと、インフィニオンのLED駆動用ICを組み合わせてμPLSが出来上がりました。これも当社がマイクロLEDを開発し続けていたからこそです。大型ディスプレー向けに開発していたLEDチップの技術を転用し、違う出口や分野に持っていくことによって技術の幅が広がった例と言えます。

我々は、失敗を失敗で終わらせません。良いところを磨き直し、新たなチャレンジに持っていきます。会社として、こうした考えを持ちながら技術開発を進めているのです」

――技術開発に対して常に前向きな会社なのですね。

成川氏：「そうだと思います。大型ディスプレー向けの開発をしていた時は、技術者が意気消沈していたこともありました。しかし、諦めずに技術をきちんと仕上げたからこそ、次の展開につながりました。

やはり、失敗を失敗で終わらせずに、その中で得られたものをきちんと自分たちで整理し、次に生かせるようにしていたことが大きかったと言えます。

技術者が技術開発につぎ込んだ情熱やエネルギーは非常に大きいものです。それを生かすのがCTOである私の仕事。開発を点と点で進めても意味はありません。それらを線でつないで結んでいき、事業をもっと大きくするために生かすことが私の役目だと認識しています」

研究所の使命は「夢づくり」

――現在、技術開発で最も力を入れているのは何ですか。

成川氏：「会社の方針として『車載基軸』を社長が明確に打ち出していて、車載関連事業に力を入れています。その筆頭はLEDヘッドライトですが、当社はEVの2次電池の正極材料でも強いポジションにいます。半導体レーザーの応用先としては、現行の超音波圧着の代わりに2次電池におけるセル同士の電極を接合させる技術のほか、EVの駆動用モーターの銅製コイルなどを溶接する技術も開発しています。

サマリウム・鉄・窒素系磁石の製品化も進めています。磁力が高い上に、高温特性にも優れる磁石です。また、樹脂と混ぜてコンパウンドにして任意の形状を造れるため、

CTOインタビューのポイント（その2）

4	今後は車載関連の開発に力を入れる
5	横浜研究所で人材確保
6	研究所およびCTOの使命は「夢づくり」

（出所：筆者）

永久磁石モーターのローター（回転子）に埋め込む際の形状の自由度を高められます。当社は粒径制御に強みを持っていて球状の結晶を造れるため、成形性に優れるという特長があります」

――車載関連事業に力を入れるのはなぜでしょうか。

成川氏：「自動車分野では航続距離や環境配慮の要請が強まっていて、今後はエネルギーがますます重要になってきます。当社は光とエネルギーを事業方針として掲げています。そのため、車載分野の省エネにつながる部分で我々は貢献できると考えているのです。そして、なにより自動車産業が世界的に成長している点が大きいと言えます。

LEDヘッドライト以外にも、常時点灯ライト(DRL:Daytime Running Light)やボディーライティング、アンビエント照明など車載用でLEDの採用が増えています。これらの需要も全て取り込みたいと考えています。また、液晶パネルのバックライトでは効率や輝度の高いものが求められています。さらには、ヘッド・アップ・ディスプレー(HUD)にもLEDやレーザーが使えないかと探っているところです。もちろん、電動化が進めば、2次電池の正極材料も磁石の需要も増えていきます」

研究者が「面白い」と思うものを追求

——横浜研究所(横浜市)に新たな研究棟(2号館)を建設して拡充しました。この狙いを教えてください。

成川氏:「1つは人材の確保です。本社がある徳島県だけでは難しいので、いろいろな人材を確保するために横浜研究所を2006年に開設して採用を開始しました。

もう1つは事業部と切り離すためです。研究所が本社や徳島県にあると事業部に近いため、事業部の思いに引っ張られたり、事業部側に忖度《そんたく》したりする可能性が出てきてしまいます。そこで、事業部からある程度離れて独自に、あるいは自由に研究開発に取り組めるように横浜市に研究所を設けました。その1号館がキャパシティーを超えてきたので、2号館を造って拡充することにしました。既に一部、実験設備が入っています。

実は、日亜化学工業では研究テーマも大きく変わりつつあります。これまでの光源開発から、それを使ってどうしていくのかとか、どのような新しいことができるのかといったことを探るフェーズに変化しているのです。そうした変化に応じて新たな実験場所を確保するために、もう1棟（2号館）が必要になったというわけです。

2025年の夏ごろから横浜研究所をメインとして研究開発を本格的に加速させていきたいと考えています。徳島研究所はこれまで通り、既存のLEDや半導体レーザーに関する技術や商品の開発など事業に強く結びつく部分を担当します。これに対し、横浜研究所が担うのは「未踏領域」の開拓です」

――10年後の社会はどうなっていると思いますか。それに対してCTOとしてどのような手を打っていますか。

成川氏：「それは昔からよくある質問ですが、10年後がどうなるかについては、正直に言って分かりません。10年前に自分が想像したことも外れています。それでも、日亜化学工業が基本方針として掲げている「光とエネルギー」は絶対に必要なこと。従って、光とエネルギーに関する事業や研究開発を担っていることは変わらないと思います。

10年後の未来が見えないからこそ、我々は現在必要とされていることに関する研究開発に重点を置くのではなく、今は必要かどうかは分からないけれど、研究者が「面白い」と思うものを積極的に考えて、みんなで深掘りしていく姿勢を大切にしています。

実際、足元で必要なことだけを研究開発しても、（発想が）なかなか広がっていきません。そこで、我々は今、現実から少し離れて、自分たちが楽しいと思うことを考えています。なぜかといえば、我々研究所の使命というのは「夢づくり」だからです。「研究所が面白いことをやっている」「将来面白いことを運んできてくれるかもしれない」など、本社の期待を超える活動をやっていきたいと思っているので、そこ（楽しいことを考えること）に力を注いでいます。

研究開発には5年も10年もかかるものもあるので、10年先をいろいろ想像するよりは、楽しいことに取り組んで10年先にはものになっているというのが理想だと思っています」

――とはいえ、やめなければならない研究開発もあると思います。研究をやめる決断をする際に期限はありますか。

成川氏：「期限は決めていません。広がって（技術が次につながって）いったらずっと続けますが、こぢんまりとしたままであれば、いったんペンディング（保留）し、整理してテーマを変更するなどしています。

実は、研究テーマを随分広げたのでいったん狭めました。今はまた広げようと考えています。ただし、野放図に広げていくのはあまり意味がありません。適宜、状況に応じて、面白いテーマがあればそちらにリソースを集中させたほうがよいと考えています。従って、当然やめるテーマもあります。

結果が出ないことをずっとやらされるというのも研究者にとっては辛いことだと思います。本人からはなかなかやめるとは言えないと思うので、そこはこちらから命じる形をとります。研究者の視点を変えるために、テーマ変更が良いきっかけになる場合もあります」

――「面白い」というのは広がりがあるということですか。

成川氏：「そうです。広がるとは、つながるということ。他のテーマとつながっていくということです。つながると、シナジー（相乗効果）が生まれます。その視点を大切にしたいと考えています」

「転んでも前に倒れる」

――自身のこれまでの経歴や経験がCTOの役割や研究開発の体制づくりなどにどう生きていますか。

成川氏：「私は研究職として日亜化学工業に入社し、最初は1人で黙々と研究開発をしていました。その後、研究開発に携わりながら訴訟の手伝いも行うようになりました。[*2] 訴訟の仕事では会社全体を見なければなりません。そのため、一研究者ではなく会社全

＊2　いわゆる「青色LED訴訟」のこと（第10章を参照）。元社員が職務発明の対価を求めて日亜化学工業を相手に訴訟を起こした。2005年に控訴審の東京高等裁判所で和解が成立。日亜化学工業が元社員に発明の対価として6億857万円、遅延損害金として2億3534万円の計8億4391万円を支払うこととなった。

体のことを考えるようになり、違う視点が持てるようになりました。良い経験だったと思っています。

その後、研究開発によってできたものを持って、しばらく事業部に行っていました。そこでは製造技術や開発技術に携わりました。各部署に様々な役割があり、それぞれが非常に大切で、それらがつながっていくこと、うまく（部署間で）バトンを渡していくことが非常に重要であると体感できました。

これにより、組織のつながりというものを意識するようになりました。さらに、一時期はLEDチップや照明の企画も担当したので、製品をどう売っていくかについても勉強できました。

このように、様々な業務を経験して、いろいろな視点を持てるようになりました。これも私のことを見ていてくれた上司がいて、様々なことに積極的にチャレンジさせてくれたからだと思います。それが今の自分につながったと考えています。

だから私も、部下や仲間が新しいことにチャレンジする場合は一生懸命に応援し、背中を押します。そして、彼ら彼女らが結果を出してうまくいったら、その部署にずっと置いておくのではなく、人脈をつくる意味でもあえて違う部署に行ってもらいます。短期的には損をすることがあったとしても、ジョブ・ローテーションを行って自然と組織や人のつながりができていくような人事を行うし、実際にこれまでもそうしてきました。

こうして会社全体の研究開発力を上げてきたと思っています。自分もそうした経験をしてきたので、ジョブ・ローテーションによって優秀な人ほど積極的に様々な経験をしてもらって、足腰を強くする。だからこそ、当社の研究開発力がしっかりしてきたのではないでしょうか」

――失敗を失敗で終わらせない、新たな挑戦にするという話でした。これと重なる質問になるかもしれませんが、最後にあえて伺います。研究開発や事業の創造において失敗は避けて通れません。失敗をどう生かしていますか。失敗を生かすための考え方と、それを具体的にどう実践しているかについて例を交えて教えてもらえませんか。

成川氏：「失敗して転んでも、ただでは立ち上がらない。何かつかんで立ち上がる。転ぶなら前に倒れる。後ろに倒れては意味がないので、前に倒れて少しでも目標に近づく。そうした考えを当社は持っています。

失敗というのは、「駄目だった」という事実が分かったということ。それは正解にたどり着くために「行ってはいけない道に気づいた」ということだと前向きに捉える。そして、失敗を恐れずにチャレンジしていく。何もやらないほうがリスクが高い――。

こうした考えで積極的に行動し、愚直に研究開発を進めていきます。それが日亜化学工業の考え方であり、進み方なのです」

成川幸男（なるかわ・ゆきお）

日亜化学工業 取締役 CTO兼日亜研究所長、第二部門副部門長（技術開発担当）、知財評価担当、システム開発本部長

1995年3月に京都大学工学部電気系学科を卒業し、1997年3月に同大学大学院工学研究科電子物性工学専攻修士課程を修了。2000年3月に京都大学大学院工学研究科電子物性工学専攻博士課程を修了し、同年4月に日亜化学工業に入社。2012年1月に第二部門 LED 開発本部第二開発部長、2016年9月に第二部門商品開発本部副本部長、2018年12月第二部門技術開発本部長に就任。2020年4月第二部門副部門長を経て、2022年3月に取締役（現任）、CTO（現任）、研究開発本部長、徳島研究所長に就任。同年9月に日亜研究所長（現任）、同年10月に知財評価担当（現任）、2023年3月に第二部門副部門長（技術開発担当）（現任）に就任。2024年3月に横浜研究所長（現任）、諏訪技術センター長（現任）、同年9月にシステム開発本部長（現任）に就任して現在に至る。

国内拠点（工場）

工場名	敷地面積	従業員数	主要製品
本社工場	30万m^2	3600人	LED、半導体レーザー、磁性材料
辰巳工場	49万m^2	辰巳北（TN工場）1200人	正極材料、蛍光体、医薬品原料
		辰巳南（TS工場）2900人	LED
新野工場	3万m^2	40人	正極材料
鳴門工場	15万m^2	1000人	LED応用製品 （面光源、ディスプレーユニットなど）
徳島工場	3万m^2	70人	有機金属錯体、電子材料

（写真：日亜化学工業）

国内拠点（研究所・技術センター）

名称	住所	内容
徳島研究所	本社内（徳島県阿南市）	光とエネルギーに関する基礎研究
横浜研究所	横浜市	光に関する基礎研究 光半導体光源の応用研究・開発
諏訪技術センター	長野県諏訪町	光半導体光源の応用研究・開発

（写真：筆者）

LED

世界シェア
総合1位
約15%（金額ベース）

分野	地域	内容	順位	シェア
車載	国内	車載向け白色LED	1位	約70%
照明	国内	一般照明用LED	1位	約60%
フラッシュ	国内	スマーフォンのフラッシュ用LED	1位	約60%

(写真：日亜化学工業)

半導体レーザー

世界シェア
95％以上（GaN系高出力タイプ）

分野	地域	内容	順位	シェア
プロジェクター	世界	レーザープロジェクター用GaN系高出力半導体レーザー	1位	100％

（写真：日亜化学工業）

第2章

「日亜」の正体

――〝無名〟から世界的企業までの軌跡――

この30年で売り上げを30倍も伸ばし、営業利益率が15％を優に超える実力を持つ高収益の日本の企業。にもかかわらず、一般にはあまり知られていない。そんな日亜化学工業は一体、どのような会社なのか。その「正体」を探っていこう。

世界の照明に「LED革命」を起こした

日亜化学工業に爆発的な成長をもたらした製品は、同社の代名詞とも言える発光ダイオード（LED）だ。日亜化学工業を一言で説明すれば、世界的なLEDメーカーということになる。

たとえ会社名を知らなくても、誰もがその恩恵にあずかっている。なぜなら、世界の照明の分野に文字通り「革命」を起こしたのが、同社のLEDだからだ。白熱電球や蛍光灯をLED照明に切り替えると、同じ明るさでありながら白熱電球に対して8割以上、蛍光灯に対して5割もの省エネ効果が得られる。なおかつ、寿命は数倍から10倍以上に伸び、環境負荷も軽減できる優れものだ。

このLEDにおいて、日亜化学工業はまず、「20世紀中には困難」と言われた青色LE

Dの開発および量産化に成功。その後は、白色LEDを生み出すという世界的なイノベーションを成し遂げながら事業を拡大させてきた。白色LEDは、今では売り上げの8割を占める同社の看板事業となっている。

中でも、売り上げの6割を占める稼ぎ頭が車載用LEDだ。ヘッドライトや常時点灯ライト（DRL）、方向指示器、室内照明、ヘッド・アップ・ディスプレー（HUD）、インストルメントパネルなどに幅広く使われている。

LEDと同じく「光半導体」と呼ばれる分野で世界的なイノベーションとして生まれたのが半導体レーザー（レーザーダイオード）だ。紫外線領域から可視光領域（青色～赤色域）まで幅広い発振波長の製品を展開している。

最初に実用化されたのは、光ディスク規格「Blu-ray Disc（ブルーレイ・ディスク）」用ピックアップの光源である青紫色半導体レーザーだ。その後、プロジェクターの光源として普及し、今や世界シェア1位となっている。最近では、電気自動車（EV）やハイブリッド車（HEV）といった電動車に使う銅製電極など、銅の溶接に使うレーザー加工機の分野を開拓している。

こうした光半導体分野で世界トップの技術力を備える一方で、日亜化学工業は無機粉末（化合物）の精製技術と分析技術もコア技術（競争力に優れる技術）として持っている。この分野から生まれた製品の1つが、2次電池の正極材料である。具体的には、スマートフォンやEV、蓄電システムなどに使われているリチウムイオン2次電池の正極材料だ。

正極材料の分野では中国メーカーが乱立しているが、最近では経済安全保障の観点から日本製を望む声がますます大きくなっている。日本メーカーで正極材料を手掛けているのは、住友金属鉱山と日亜化学工業の2社だけだ。

この他、祖業として世界トップの技術を持つものとして蛍光体がある。蛍光体とは、電子線や電磁波、電場などのエネルギーを受けて主に可視光に変換する材料だ。LEDやX線医療といった用途に利用されている。他にも、磁性材料や遷移金属触媒、真空蒸着材料、ファインケミカル（カルシウム塩や鉄塩）、高純度ガリウムメタルといった製品を日亜化学工業は手掛けている。

地元の素材で創業

日亜化学工業を創ったのは小川信雄氏だ。独自技術を追求したものづくりで世界に貢献するという同社の経営理念は、創業者である小川信雄氏の考え方そのものと言える。こうした考えは、創業間もなく「Ever Researching for a Brighter World（より明るい世界のために限りなき研究を）」という企業理念として表現され、今の日亜化学工業にも引き継がれている。

小川信雄氏は、家計における学費の負担を軽減するために委託生徒の制度を利用しながら、徳島大学工学部・薬学部の前身である徳島高等工業学校応用化学科製薬化学部を卒業。その後は陸軍薬剤将校として服務し、ソロモン諸島のガダルカナル島やパ

日亜化学工業創業者の小川信雄氏

同社の創業者であり、初代社長を務めた。(写真：日亜化学工業)

プアニューギニアのブーゲンビル島といった激戦地を生き抜いた。この九死に一生を得た経験と、フィリピンのミンダナオ島で蛍光灯に接した経験が後に生きることとなる。この蛍光灯は米ゼネラル・エレクトリック（GE）が製造したものだった。

終戦後、小川信雄氏は故郷である徳島県阿南市新野《あらたの》町に戻り、1948年に協同医薬研究所を立ち上げた。ここで同氏は、抗生物質であるストレプトマイシンに使う無水塩化カルシウムの大量生産の方法を確立する。当時の日本は結核が蔓延《まんえん》していたからだ。そこで小川信雄氏は、地元で産出できる石灰石を使って高純度の無水塩化カルシウムを造った。

日亜化学工業のコア技術である無機化合物の精製技術と分析技術はこの時に生まれた。結核の蔓延が落ち着くと、照明用蛍光体の原料である無水リン酸カルシウムの研究を開始し、これも製造方法の確立に成功した。

この蛍光体向けリン酸カルシウムは、当時GEやオランダのフィリップスと競っていた電機メーカーである米シルバニアに品質を高く評価された。こうして得た品質およびコスト競争力に対する自信と、それまでに培ったコア技術および技術開発力を基に、小川信雄氏は1956年に株式会社として日亜化学工業を立ち上げた。

日亜化学工業にとって当初の主力製品は蛍光体の原料だった。だが、しばらくすると原料メーカーだけでは飽き足らなくなった。もっと付加価値を高めたいと考えるようになり、持ち前の技術開発力を武器に製品である蛍光体を造る方向へと進んだ。こうして数年間の研究の後、蛍光灯用ハロリン酸カルシウム蛍光体の製造を1966年に開始した。その後、基本特許を持っていたGEからライセンスを取得して特許問題も解消し、日亜化学工業は企業規模が世界最小クラスの蛍光体メーカーとなった。

その後、カラーテレビを製造するソニーとの出会いからブラウン管カラーテレビ用蛍光体の研究開発に着手し、数年でものにして1970年に製造を開始した。1977年には、高演色性の蛍光灯の商品化を目指す蛍光灯メーカーのニーズに応え、赤・青・緑の3色の蛍光体を組み合わせて造る三波長型蛍光灯用に赤色蛍光体の製造を開始。青色および緑色についても数年の研究を経て製造にこぎ着けた。

こうした時代のニーズに沿った研究開発と製品化の流れはその後も続き、プラズマディスプレー用蛍光体や液晶バックライトの冷陰極管用蛍光体などを次々と市場投入。その結果、日亜化学工業は30年ほどをかけて世界一の蛍光体メーカーに上り詰めた。

ＬＥＤで第二の創業

だが、日亜化学工業がそこで満足することはなかった。むしろ、時代や市場の変化による製品寿命があることに危機感を抱き、主力事業である蛍光体の次の新規事業の種を模索することに奔走した。蛍光体を扱っていることから同じ光関連産業であるＬＥＤに興味を持ち、高純度ガリウムの製造を開始した。同社はここから世界一の蛍光体事業で稼いだ資金を、ＬＥＤ分野につぎ込む「第二の創業期」に入る。

１９８５年ごろ、同社の開発部は無機材料の新しい用途に関して複数のテーマを掲げた。これに伴い、新しい技術を習得するために、同社は各研究員を国内外の研究機関に派遣した。これらの新しい技術の１つに、窒化物ＬＥＤの合成方法があった。

１９８８年には、蛍光体の新規応用分野としてＬＥＤの製造分野への進出を視野に入れ、ＬＥＤの組成物質であるガリウム（Ｇａ）の精製・販売実績を生かして、精製ガリウムの使用分野に進出した。本社内に実験プラントを設置し、サンプル出荷を開始した。

そして、1989年に小川信雄氏が会長になり、新たな社長には小川英治氏が就任した。小川信雄氏は日亜化学工業を文字通りゼロから立ち上げ、一代で世界一の蛍光体メーカーに育てた。そうして出来た基盤の上に、小川英治氏はLED事業を生み出して新たな主力事業を構築し、同社を世界一のLEDメーカーへと導いた。この業績から小川英治氏を「第二の創業者」と呼んでもよいだろう。

小川英治氏が社長に就任して4年後の1993年11月、光関連産業において文字通りエポックメーキングな製品を日亜化学工業は開

日亜化学工業2代目社長で現会長の小川英治氏

1989年に同社の2代目社長に就任。新たにLED事業などを立ち上げ、同社の成長を加速させた。2015年からは会長。
（撮影：小西啓三）

青色LED

1993年11月に発表された。従来の100倍も明るい高輝度タイプ。"無名"の地方の企業が成し遂げた開発ということもあって世界を驚かせるニュースとなった。(写真:日亜化学工業)

発する。青色LEDだ。発光波長は450ナノメートル(nm)と純度の高い青色で、光度は1000ミリカンデラ(mcd)。従来の100倍の明るさとなる高輝度なものだった。電圧に対する発光効率が高い窒化ガリウム(GaN)を採用した青色LEDである。

先述の通り、20世紀中には困難と言われた青色LEDの実用化を、大手企業に先んじて、全国的には〝無名〟の地方企業が成し遂げたという事実は世界を驚かせた。このニュースは1993年11月30日付の「日経産業新聞」で報じられたが、中には記事の内容を信じない他社の技術者までおり、学会発表などで実際に光っている青色LE

Dの実物を見てようやく信じる人がいたほどだった。

当時の日亜化学工業では問い合わせの電話が2週間ほど鳴りっぱなしとなり、担当部署で働く事務職の20人のうち半数が電話対応に追われた。内容はカタログ請求や注文、実物を見たいといったもので、1日で100件ほどの電話がかかってきたという。

なお、この青色LEDを開発した1993年12月期の売上高は167億円。従業員は596人だった。

ここから日亜化学工業の快進撃が始まる。窒化ガリウム（GaN）系半導体分野における新規開発が加速するのだ。

1994年4月には光度が2000mcdの青緑色LEDを開発。これは交通・鉄道信号用だった。同年10月には、同じく光度が2000mcd、すなわち前年の発表時点から明るさを2倍に高めた青色LEDの製造を開始した。

さらに、同月には光源にLEDを使った3色信号機を徳島県警と共同開発し、試験運用を開始した。今ではよく知られるようになったが、逆光でも視認性が高いという特徴を備えている。なお、この信号機は30年が経過した今でも現役という耐久性を誇っているという。1995年9月には、光度が6000mcdと従来よりも60倍も高い、波長が525nmの純緑色LEDを開発した。

そして、同年12月には青紫色半導体レーザーを開発する。世界で最も短い波長である410nmによるレーザー発振、詳しくは室温パルス発振（パルス電流の注入による常温での連続動作）に成功したのだ。常温での窒化物系半導体のレーザー発振は世界初の快挙だった。

こうした光半導体分野における華々しい開発の一方で、蛍光体事業で培ったコア技術である無機粉末（化合物）の精製技術と分析技術が、2次電池の正極材料という商品を生み出す。1991年にソニーがリチウムイオン2次電池を商品化したのを機に、日亜化学工業には各電池メーカーから2次電池の正極材料の試作依頼が舞い込むようになった。これを受けて同年から材料開発を開始し、1995年から2次電池の正極材料（コバルト酸リチウム）の製造を開始した。

収益源となる白色LEDの誕生

先述の通り、青色LEDの開発に成功したことは、その技術的な難易度の高さと、実現したのが地方にある〝無名〟の企業という話題性から世界的なニュースとなった。そのため、世間には日亜化学工業が青色LEDの商品化で売り上げを伸ばしたと見る人がいまだに多い。だが、実は青色LEDのままでは用途が信号機や屋外用大型ディスプレー、スキャナーの光源などに限られ、それほど大きな売り上げにはつながらなかった。

日亜化学工業に大きな売上高と利益をもたらし、世界的な企業へと急成長させた製品は、白色LEDである。蛍光灯と同じく白色（昼白色や昼光色）で光るため、用途が照明分野に拡大するからだ。同社はこの白色LEDを1996年に開発する。

この白色LEDは、日亜化学工業だからこそ生み出せた画期的な製品だ。共にコア技術として同社が持つ青色LEDと蛍光体とを組み合わせて創り出した製品だからである。

青色LEDのチップ上に、イットリウム・アルミニウム・ガーネット（YAG）系蛍光体の層を設けたシンプルな構造。これを発光させると、青色の光とそれによって励起された

白色LED

1996年9月に発表された。青色LEDに蛍光体を組み合わせるという日亜化学工業が持つコア技術から生まれた製品。応用範囲が広がり、同社に売り上げの急拡大をもたらした。(写真：日亜化学工業)

黄色の光が混ざって人間の目には白色に光って見えるという仕組みだ。当初の発光効率は1ワット（W）当たりの光束が5ルーメン（lm）の明るさだった。

ここから日亜化学工業は、新製品の開発と売り上げの伸長とのスパイラルアップ（好循環）によって成長を加速させていく。中でも大きかったのは、携帯電話やデジタルカメラなどの液晶バックライト向け白色LEDの需要拡大だ。

1999年以降にカラー液晶を搭載した携帯電話の普及の波に乗り、液晶バックライト向け白色LEDの販売が急速に増加していった。その結果、2000年12月期にはＬＥＤの売り上げで同社は世界一になった。それからも注文が殺到し、２００３年12月期には利益率（経常利益）が50％を超えている。

その後は、車載用ＬＥＤや照明用ＬＥＤ、紫外発光ＬＥＤなど開発の幅を広げていく。

半導体レーザーも産業用途を皮切りに、光ディクスの光源を経て、２０１０年以降はプロジェクターの光源として実用化が進んだ。２０１６年以降は自動車のヘッドライトの分野に進出。現在は、レーザー加工の分野を開拓中だ。銅への吸収効率が高い青色半導体レーザーの特性を生かし、電動車向け銅製電極（バスバー）やモーターの巻き線の溶接の用途を狙った開発を進めている。

一方、ＬＥＤでも２０１０年以降に成長が目立つのが車載用ＬＥＤだ。実際、日亜化学工業は今、車載用途分野に最も力を入れている。ＬＥＤ全体の売り上げに占める車載用ＬＥＤの比率は、２０１０年に10％だったところを、２０２３年には61％まで引き上げている。

２０２３年には、チップサイズが微小なマイクロＬＥＤを使った自動車ヘッドライト用光源「μＰＬＳ（マイクロピーエルエス）」を実用化した。ハイビームの配光を動的に制御する「ＡＤＢ（アダプティブ・ドライビング・ビーム）」と呼ばれるタイプのＬＥＤヘッドライトの光源である。独ポルシェがＥＶ「タイカン」に採用した。

今でも、日亜化学工業はＬＥＤおよび半導体レーザーの分野で高い競争力を発揮している。ＬＥＤでは金額ベースにおいて世界シェア総合1位。車載向け白色ＬＥＤでは国内シェアが約70％で1位。一般照明用ＬＥＤでも国内シェアが約60％で1位。そして、スマートフォンのフラッシュ用ＬＥＤでも国内シェアが約60％で1位となっている。

一方、ＧａＮ系半導体レーザーでは世界シェアが95％と圧倒。プロジェクター用半導体レーザーでは、実に世界シェア１００％と独走中である（全て２０２４年時点のデータに基づく）。

第3章

LED開発物語

世界で初めて実用レベルの高輝度な青色発光ダイオード（ＬＥＤ）を開発し、続いて白色ＬＥＤの開発に成功して急成長を遂げた日亜化学工業。蛍光体メーカーだった同社が、なぜ世界的なＬＥＤメーカーへと変貌を遂げることができたのか。その開発の軌跡を追ってみたい。

蛍光体事業で世界トップクラスの仲間入りを果たした日亜化学工業は、光の分野において次の技術の可能性を追求していた。その1つにＬＥＤがあった。「蛍光体と同じく光を出す材料にＬＥＤがあるから、その勉強もしてみよう」（小川英治氏）との考えから、同社は1975年に高純度の金属ガリウム（Ｇａ）の開発に着手した。ＧａはＬＥＤの出発原料で、赤色ＬＥＤに使われていたものだった。こうして同社はＬＥＤ分野に参入した。

日亜化学工業は原材料から蛍光体という製品を造っていた。そのために必要な道具も装置も内製（社内で造ること）するというのが、同社のものづくりの基本的な考え方だ。ただし、いきなりＬＥＤの開発に入るのは難しいため、まずは出発原料であるＧａを精製して高純度にする開発から入ったというわけだ。

一見、別物のようだが、蛍光体とＬＥＤは似たところがある。蛍光体は電子を励起して光を出すのに対し、LEDは電圧を印加して電流を流すことで光を放つというのが、発光の仕組みだからだ。造り方も、原材料を高純度に精製しつつ、必要な分だけ不純物を添加するという共通点があった。

こうして得られたGaを使い、1977年にはガリウムリン（GaP）、1982年にはガリウムヒ素（GaAs）といった化合物の単結晶を作る研究を開始した。単結晶を作ると基板ができる。その基板の上にp型やn型の半導体を積層するとLEDのもと（エピタキシャルウエハー）ができる。これを当時はLPE（液相成長）法で作っていた。

しばらくして、当時社長を務めていた小川英治氏が「新しい結晶成長法にMOCVD（有機金属を使う化学的気相成長法）がある。それを勉強したらどうか」と開発部門に提案した。MOCVDを使えば、薄い結晶膜を成長させることができ、より高性能なLEDを作れる可能性があったからだ。これを受けて開発部門は技術者を米国の大学に留学させ、MOCVDについて学ばせた。同時に、日亜化学工業はMOCVDを使った研究を行うことを決め、MOCVD装置を1基発注して、新設の研究棟の最上階である6階に設置した。

この6階はMOCVD装置を設置するために天井を高くしていた。実は、既に研究棟の設計が完了し、起工式も開催されていたのだが、ＭＯＣＶＤ装置を据え付けるには高さが足りないと感じた小川英治氏が、建設会社に電話をかけて「今から変更できませんか」と言って、急きょ6階の天井を高くしてもらった。この変更により、ＭＯＣＶＤ装置を設置できたという逸話がある。

こうして、日亜化学工業は1989年にＭＯＣＶＤ装置を使った窒化ガリウム（ＧａＮ）系ＬＥＤ、すなわち青色ＬＥＤの開発に踏み切った。

赤崎氏と天野氏を追う

実用レベルの青色ＬＥＤを世界で初めて開発したメーカーとして知られる日亜化学工業だが、実は、一から青色ＬＥＤを生み出したわけではない。同社には手本となる先行者がいた。後に（2014年に）ノーベル物理学賞を受賞することになる名古屋大学（当時、受賞時は名城大学）の赤崎勇氏とその教え子である天野浩氏だ。

赤崎氏と天野氏のグループ（以下、赤崎氏のグループ）は、1985年に下地層となる良質なＧａＮ単結晶の作製に成功。１９８９年にはｐ型ＧａＮ単結晶を共に世界で初めて作製した。

日亜化学工業の開発チームは、赤崎氏と天野氏のグループが発表した論文を追試し、青色ＬＥＤを製品化することを目標に掲げた。

良質なＧａＮ単結晶を作るのが難しいのは、基板となるサファイアと、その基板の上に作製するＧａＮ単結晶との間で、格子定数や線膨張係数（熱膨張係数）の差が大きすぎるためである。そこで、赤崎氏のグループは、サファイア基板とＧａＮ単結晶との間に、低温窒化アルミニウム（ＡｌＮ）を緩衝層として挟む方法を考案した。これにより、良質なＧａＮ単結晶の作製に成功したのだ。

この方法を真似《まね》て、日亜化学工業は低温ＧａＮを緩衝層としてサファイア基板の上にＧａＮ単結晶を作製した。これにより、１９９１年ごろには良質なＧａＮ単結晶を作れるようになった。

ｐ型ＧａＮ単結晶の作製については、赤崎氏のグループはマグネシウム（Ｍｇ）を不純物として添加（ドープ）したＧａＮ単結晶に電子線を照射するという方法を採用していた。日亜化学工業の開発チームも当初はこれを真似し、ＭｇをドープしたＧａＮ単結晶に電子線を照射する実験を繰り返したが失敗した。そこで、開発メンバーが電極を作るために使用していた電子ビーム蒸着装置の電子銃を代用することを思いつき、試行錯誤の末にｐ型ＧａＮ単結晶の作製に成功した。

これを基に、同社は専用の電子線照射装置を発注。開発チームはこの時、ｐ型ＧａＮとｎ型ＧａＮを接合した、ホモ接合のＬＥＤも試作した。ぼんやりと薄く光ったものの、青色ではなかった。１９９１年のことだ。

ところが、電子線照射の方法は時間がかかるため、量産に向かないという問題を抱えていた。結論から言うと、日亜化学工業はアニールｐ型化現象（ｐ型アニール法）を発見してこの問題をクリアした。具体的には、ＭｇをドープしたＧａＮ単結晶を窒素雰囲気中で加熱処理することによってｐ型化する方法だ。

このｐ型アニール法は、開発メンバーが偶然見つけ出したものだ。薄いサファイア基板の上にＧａＮ単結晶を成長させると線膨張係数の差で反りが発生する。だが、反りがあるとダイシング（個々のチップに切り分けること）することができない。そこで、研磨したサファイア基板に液状酸化ケイ素を塗った後、焼き固めることで反りを抑えようとした。この加熱処理がきっかけとなり、日亜化学工業はｐ型アニール法を発見したのである。

同社は、このｐ型アニール法が青色ＬＥＤを量産する上で最大の鍵になったと言う。その重要な技術が偶然から生まれたことは実に興味深い。

「真の青色」を求めた開発

ＬＥＤは、材料のバンドギャップ（エネルギー準位の差、禁制帯幅：電子が存在できないエネルギー範囲）によって発光する色が決まる。ＧａＮは青紫色の光を放つ。波長は約３６５ナノメートル（ｎｍ）で、いわゆる紫外線に位置付けられる。可視光領域から外れるため、目には見えない。ここで波長を長くし、青色に光らせるために必要な技術が、窒化インジウムガリウム（ＩｎＧａＮ）単結晶の作製である。これを発光層に使うことで、ＧａＮ系ＬＥＤは青色ＬＥＤになる。

このＩｎＧａＮ単結晶の作製もまた、日亜化学工業の前には先行者がいた。世界で初めて良質なＩｎＧａＮ単結晶を作ることに成功したのは、当時ＮＴＴの研究者だった松岡隆志氏だった。日亜化学工業の開発チームは同氏に教わりながらＩｎＧａＮ単結晶の作製を目指す開発を開始した。１９９2年のことだ。

ＩｎＧａＮは、窒化インジウム（ＩｎＮ）とＧａＮの混晶だ。ここでインジウム（Ｉｎ）の含有量を増やす（Ｉｎの混晶比を高める）と波長を変えられることは理論的に分かっていた。Ｉｎの含有量を増やしていくと、光の波長を約３６０ｎｍから1マイクロメートル（μｍ、１０００ｎｍ）までシフト（調整）できる。色で言えば、青紫色から青色、水色、緑色、オレンジ色、赤色、そして赤外領域まで変えられる。従って、理論上はＩｎの含有量次第で青色に光ることは、研究者であれば皆が知っていた。だが、当時は製法が分からなかった。

ＩｎＮとＧａＮは性質が異なる。例えば、１０００℃の温度下でＧａＮは安定しているが、ＩｎＮは蒸発してしまう。そのため、ＭＯＣＶＤ装置でＩｎとＧａの原料を供給しても、高温下ではＩｎが蒸発して結晶にならない。とはいえ、温度を下げると良質な結晶が得られない。日亜化学工業の開発チームはＭＯＣＶＤ装置の改良も含めて試行錯誤しながら、より良い結晶成長条件を見いだして、Ｉｎの含有量を少しずつ増やしていった。ただし、当時はまだ含有できるＩｎの量に限界があった。

こうした中、開発チームは赤色ＬＥＤの技術を参考に、明るさを高めるための開発も進めた。ダブルヘテロ構造の採用だ。バンドギャップが異なる半導体（材料）同士の接合をヘテロ接合と呼ぶ。そして、これを2つ持つ半導体の構造がダブルヘテロ構造である。

ダブルヘテロ構造を採ることで発光層の両側（上下）を異なるバンドギャップの材料で挟むと、光量が増す。光半導体は、正孔（ホール）と電子が結合する際に、電子がエネルギーの高い状態から低い状態に移るため、余ったエネルギーが光となって放出される仕組みとなっている。ホールが多いのがｐ型半導体、電子が多いのがｎ型半導体だ。

ダブルヘテロ構造では、正孔（ホール）と電子が発光層内に閉じ込められるため、両者が結合する確率が高まって光量が増す。加えて、光を外部に効率よく取り出せる。異なるバンドギャップ材料があることで、発光層で生成された光を外部に放出しやすくなるからだ。

日亜化学工業の開発チームは、ＩｎＧａＮの発光層を、下からｎ型の窒化アルミニウムガリウム（ＡｌＧａＮ）、上からｐ型のＡｌＧａＮで挟むダブルヘテロ構造のＬＥＤを開発した。

ところが、この構造で光らせてもまだ暗かった。先述の通り、Ｉｎの含有量が十分ではないため、波長が３９０ｎｍの青紫色にしか光らなかったからだ。そこで、開発チームは「不純物準位による波長シフト」の実験を開始した。その結果、発光層であるＩｎＧａＮにｐ型化のためのアクセプターとして亜鉛（Ｚｎ）を、ｎ型化のためのドナーとしてケイ素（Ｓｉ）をドープし、波長を青色領域である４５０ｎｍにシフトさせた。１９９３年２月ごろのことである。これにより、明るさは数十倍になった。

この成果を基に、日亜化学工業は１９９３年11月30日に、高輝度に光る青色ＬＥＤを世界に先駆けて開発したと発表した。光度は１０００ミリカンデラ（ｍｃｄ）と、従来の１００倍の明るさを実現した製品だった。世界の大手企業ではなく、無名に近い日亜化学工業が青色ＬＥＤの開発に成功したという快挙に業界は驚いた。

そして、それ以上に業界を驚かせたのは、翌日からサンプル出荷が可能という事実と、１９９４年1月から量産を開始するという完成度の高さだった。

ここまで完成度を高めてから発表したのは、日亜化学工業の知名度の低さから、実際に光るものを見せないと世間に信じてもらえないかもしれないと、当時社長だった小川英治氏が考えたからだ。そのため、発表するに当たって小川英治氏は「サンプルを出せること」を条件として課した。こうして、同社は東京と大阪の営業所に店頭用サンプルを置き、実物を顧客が見られるようにするという用意周到な準備を行った。

蛍光体と組み合わせて白色光に

青色LEDはディスプレー用光源としてよく売れた。この青色LEDは技術の可能性を追求した結果として誕生した製品だが、日亜化学工業は顧客の声や市場調査で潜在ニーズをつかみ、そこから応用製品を生み出すことにも長《た》けている。

この方法である時、同社は屋内ディスプレー向けに、砲弾型のフルカラー用LEDを開発した。光の三原色であるR（赤）G（緑）B（青）の各端子とアノード端子を1つにまとめた「3 in 1」タイプのLEDだ。すると、多くの引き合いがあった。この反応に、あらゆる色を出せる利便性が受け入れられたのだと日亜化学工業が手応えを感じていたところ、顧客から妙な問い合わせを受けた。「5000Kを出すにはRGBの各端子にどれくらいの電流を流せばよいのか」というものだ。

光には色温度と呼ばれるものがある。光源が発する光の「見た目の色」を数値化したものだ。その単位がK（ケルビン）。５０００Kは昼白色に相当する。要は、ピンポイントで白色の光が欲しいという依頼が舞い込んだのだ。

この顧客からの声を、開発部門を訪れた際に小川英治氏に社員が伝えたところ、すぐにこう返ってきた。「日亜化学工業はたくさん蛍光体を造っているのだから、青色の光で黄色に発光する蛍光体もあるかもしれない。それがあれば、白色ができる。調べてみたらどうか」と。

青色と黄色は補色の関係にあり、組み合わせると白色光が得られる。日亜化学工業は蛍光体事業を行ってきたことから、多くの社員がＣＩＥ（国際照明委員会）の色度図を熟知していた。色度図は、色を定量的に表現するための図で、色の分布や特性を視覚的に示したものである。青色と黄色を組み合わせると白色になることは、日亜化学工業の社員なら簡単に思いつくという。色に関する知識を備えているためだ。

社長からの提案を受けて、開発チームは蛍光体の基準サンプルを見に行った。すると、測定しなくても候補の蛍光体が見つかった。青色の光で励起して黄色の光を放つということは、黄色に見える蛍光体だ。室内灯にも青色の光の成分が含まれているからである。逆に、黄色でないものは可能性がゼロということだ。

こうして黄色の蛍光体から実用化できそうな候補を開発チームは2つ見つけ出した。1つは真っ黄色に見えた硫化カドミウム蛍光体だ。だがこれは有毒なカドミウムを含む上に、試作したところ寿命が短くて耐久性に劣ることが分かった。もう1つは、イットリウム・アルミニウム・ガーネット（YAG）結晶にセリウム（Ce）をドープしたYAGセリウム蛍光体だ。日亜化学工業はブラウン管（CRT）や照明用にこの蛍光体を造っており、耐久性にも問題はない。結果的に、同社はこの蛍光体を採用した。

開発チームは青色LEDの上にYAGセリウム蛍光体を重ねた。すると、予想通り白色に光った。だが、最初は暗かったので、明るくするための開発を開始することにした。その結果はすぐに出た。まさに蛍光体メーカーの面目躍如だ。わずか1カ月で最適化できた。社内でも専門の部門である照明部門に持ち込んで試作してもらったところ、さらに明るい光を放ったという。

こうして白色LEDが誕生した。他のLEDメーカーは蛍光体を持っていない。すなわち、この白色LEDはLEDと蛍光体の両事業を持つ日亜化学工業ならではの発明品だ。しかも、フルカラー用LEDに比べて構造がシンプルな分、コストも削減できる。日亜化学工業は1996年9月に白色LEDを開発したと発表した。明るさ（光束）は1ワット（W）当たり5ルーメン（lm）だった。これがLED照明の先駆けであり、今では世界のスタンダードとなっている。

第4章

半導体レーザー開発物語

日亜化学工業は、窒化ガリウム（ＧａＮ）系半導体レーザーでも世界トップを行く。レーザー発振に成功して以来、性能を向上させるとともに、様々な応用分野を開拓してきた。同社はどのように半導体レーザーの開発を進めてきたのか。その開発の軌跡をたどってみたい。

1993年11月、日亜化学工業は青色発光ダイオード（ＬＥＤ）の量産化に踏み切ると発表した。まさかの偉業に業界中が驚いているのを横目に、同社は次の開発に向かって進んでいた。そのテーマは高輝度な緑色ＬＥＤの開発と決まっていた。光の三原色であるＲ（赤）Ｇ（緑）Ｂ（青）の各ＬＥＤを使ってディスプレー用光源を造ろうと考えていたからだ。

当時、赤色ＬＥＤは高輝度のものが既に市販されていた。そして、高輝度な青色ＬＥＤは日亜化学工業自身が開発した。その結果、相対的に緑色ＬＥＤの輝度が低くなってしまった。そこで、高輝度な緑色ＬＥＤを開発することが同社の次の目標になったというわけである。

忘年会で開発を直訴

ところが、この開発テーマに携わりたくないと公言する者がいた。入社3年目の若手技術者だった長濱慎一氏（現第二部門ＬＤ事業本部主席研究員、日亜研究所主席研究員。博士）だ。長濱氏は１９９３年末の忘年会において、大胆にも主任研究員に向かってこう言った。

「レーザーを開発したいので、やらせてください」

第二部門LD事業本部主席研究員、日亜研究所主席研究員の長濱慎一氏

日亜化学工業で半導体レーザーの開発を主導した。改良技術の開発よりも未踏領域の技術開発に燃えるタイプ。（撮影：上田 純）

主任研究員から駄目だと言われても食い下がり、長濱氏は何度も何度もしつこく半導体レーザー（レーザーダイオード）の開発をさせてほしいと訴え続けた。すると、最後は根負けした主任研究員から「じゃあ、お前、勝手にしろ」という言葉を引き出した。しめた、言質を取ったぞと思った長濱氏は、最後にこう駄目押しした。

「今、言いましたよね？　では僕、来年からＬＥＤはしませんよ。レーザーの開発しかやりませんから」

日亜化学工業の半導体レーザーの開発は、こうして主任研究員を強引に押し切るところから始まった。

この頃、社内にはこの主任研究員以外にも半導体レーザーの開発に反対の声を上げる人がいた。その理由は「半導体レーザーは商売にならないから」というものだった。長濱氏が開発したいと申し出たのは、青色ＬＥＤの延長線上である窒化ガリウム（ＧａＮ）系半導体レーザーで、当時はまだ世の中に誕生していなかった。ところが、他社が開発済みで既に市販されていた半導体レーザーは市場が小さく、それほど大きな利益にならないという見方があったのだ。

だが、社内には長濱氏の最大の理解者がいた。当時、日亜化学工業の社長を務めていた小川英治氏だ。

「そんなことを言わずに、LEDを開発したのだから半導体レーザーも開発しなさい。そうするのは、LEDを発明した人間の義務だ。儲《もう》かるか儲からないかなんて、関係ない。これは開発すべきだ」

経営トップとしてもちろん、最終的には事業化について考えるが、研究開発の時点では売り上げや利益のことなど後回しにして、やりたいと手を挙げる技術者の背中を押す。それが小川英治氏の考えであり、日亜化学工業流なのである。

素人の3人で開発スタート

潜在的な市場が全くなかったわけではない。例えば、次世代の高密度光ディスク用ピックアップの光源には、より波長の短い半導体レーザーが望まれていた。短い波長ほど高密度な記録・再生が可能となるからだ。ＧａＮをバンド間発光（結晶自体の持つエネルギー発光）させると青紫色の光を放つ。波長でいえば、約３６５ナノメートル（ｎｍ）だ。ＧａＮ系半導体レーザーのこの波長の短さは、次世代光ディスクの開発を目指すメーカーにとって魅力的だった。

だが、長濱氏が半導体レーザーの開発を主任研究員に訴えた本当の理由は他にある。「自分がメインとなって研究開発を進めたかったから」（長濱氏）だ。その頃、日亜化学工業はＬＥＤの開発をチームで進めていた。長濱氏は青色ＬＥＤの開発に2年間携わっており、ＬＥＤ開発の中心メンバーだった。だが、自分が〝歯車〟のように感じていたという。

おまけに、青色ＬＥＤが完成した後、緑色ＬＥＤの開発はなんとなく方向性が見えており、開発できるという感触があった点にも物足りなさを感じていた。長濱氏の中ではもっと難しい開発に挑戦したいという思いが日増しに強くなり、ついに半導体レーザーを開発したいと手を挙げたというわけだ。

こうして年が明けた1994年1月、日亜化学工業は半導体レーザーの開発をスタートさせた。開発メンバーは長濱氏のほか、違う部署から異動してきた2人を合わせて、わずか3人だった。しかも、皆が半導体レーザーに関して素人という状況だった。

そこで、3人はまず、レーザーの勉強から始めることにした。タイトルに「レーザー」とある大学生や大学院生向けの学術書を片っ端から購入し、読み込むところから始めたのだ。

当時は青色LEDを量産するという日亜化学工業の発表に世界中の研究者が驚いていた時代。青色LEDよりもさらに技術の難易度が高い半導体レーザーをGaN系材料で造ることなど、想像を超えていた。

だが、長濱氏はここでも大胆に「電流注入によるレーザー発振」という目標を掲げた。「ガリウムヒ素（GaAs）系、すなわち赤色半導体レーザーでできたのだから、GaN系半導体レーザーでもできるだろうと、何の技術的な見込みがないのに思っていた。今から振り返ると、素人の浅はかさでしかなく、実際に取り組み始めると、いかに難しいかが分かった」と言って長濱氏は笑う。

「常識」を疑う

それでも、3人には素人故の強みがあった。それまで「常識」とされていたものを鵜呑《うの》みにせず、全てを疑ってかかれた点だ。結論から言えば、これが成功の大きな要因となった。

当時、GaN系半導体分野には「常識」とされるものがあった。ところが、それを信じて実際に実験してみると、異なる結果が得られることが多々あった。考えてみると、当時はGaN系半導体の分野はまだまだ研究が手薄で、「常識」と呼ばれるものも、乏しいサンプル結果を基にしたものが多かった。そこで3人は「常識」とされるものを全て疑い、自分たちの手で実験して検証し直すことから着手した。

こうして半導体レーザーの開発を文字通り一から始めた3人が、まず目指したのは、青色LEDの電力変換効率（以下、効率）を高める実験だ。半導体レーザーがレーザー発振するには当時の青色LEDでは効率が足りなかったからだ。

当時の青色LEDの効率が低かったのは、バンド間発光ではなく、不純物準位発光と呼ばれる方法を採用していたためである。

既に、効率を高める技術の1つであるダブルヘテロ構造は採用していた。1993年11月の青色LEDの発表時に、明るさを従来の100倍にして実用レベルにできたのは、このためだ。これは窒化インジウムガリウム（InGaN）から成る発光層を、下からn型の窒化アルミニウムガリウム（AlGaN）、上からp型のAlGaNで挟む構造。材料が異なる（ヘテロ）もの同士がくっついている界面の数が2つ（ダブル）あるため、ダブルヘテロ構造と呼ばれる。

発光色については、発光層のインジウム（In）の含有量で制御できることが分かっていた。Inの含有量を増やしていくと、理論的には光の波長を約360nmから1マイクロメートル（μm、1000nm）までシフト（調整）できる。色で言えば、青紫色から青色、水色、緑色、オレンジ色、赤色、そして赤外領域まで変えることが可能だ。

ところが、当時の結晶成長技術では発光層のInの含有量を高めることができなかった。Inを多くすると結晶品質が劣化してしまうのだ。そこで、結晶品質を保てるギリギリの量までInを入れたところ、390nm程度の波長で光った。だが、これでは青紫色で暗い。そこで、発光層であるＩｎＧａＮにアクセプターとして亜鉛（Ｚｎ）を、ドナーとしてケイ素（Ｓｉ）をドープ（不純物として添加）し、波長を青色領域である450ｎｍにシフトさせた。これが不純物準位発光である。エネルギーが少し減って熱に変わり、残りの分が光（青色の光）に変化する仕組みだ。だが、その分、効率が落ちるというわけである。

この課題を乗り越えるために、3人が取り組んだのが量子井戸構造の採用だ。これは、ダブルヘテロ構造を採った上で、ＩｎＧａＮの活性層（ＬＥＤでは発光層、レーザーでは活性層と呼ぶ）を非常に薄くしたものだ。こうすると、Ｉｎの含有量を増やしても転位（欠陥）が発生しない。

量子井戸構造自体は半導体関連の教科書にも載っている技術である。だが、当時は結晶成長技術が未熟で作れなかった。再現性が悪い上に、薄い層をウエハー面内に均一に作ることが難しかったのだ。

そこで、3人は結晶成長条件を根本から見直し、ありとあらゆることを試した。結晶成長装置であるＭＯＣＶＤ（有機金属を使う化学的気相成長法）装置の改造も行った。ノズルに手を加えてガスの流し方を変えたのはほんの一例だ。

青色ＬＥＤの量産工程で改良された結晶成長技術も取り込み、再現性や面内分布（良品率）、制御性も向上させた。こうして試行錯誤を繰り返し、遂に3人は良い結晶成長条件を見いだして、量子井戸構造を実現した。

結果、Ｉｎの含有量を増やしてバンド間発光が可能になった上に、活性層を薄くすることで得られる量子サイズ効果（物質が非常に小さくなると、物質内の電子の動きやエネルギー状態が通常の物質とは異なる振る舞いを示す現象）によって、さらに効率が高まった。

面白いのは、半導体レーザーを開発するために「常識」を疑って実現したこの量子井戸構造が、思わぬ副産物をもたらしたことだ。ＬＥＤの高輝度化に貢献したのである。

日亜化学工業は量子井戸構造の青色ＬＥＤと緑色（波長は５２５ｎｍ、純緑色）ＬＥＤを開発し、明るさを青色ＬＥＤは従来の2倍に、緑色ＬＥＤは従来の60倍に高めることに成功した。前者は１９９４年10月に量産に持ち込み、後者は１９９５年9月に開発したと発表した。

興味深いのは、長濱氏率いるわずか3人の半導体レーザーの開発チームが、LEDの開発チームよりも先に高輝度な緑色LEDに必要な技術を生み出したという事実だ。難易度の高い開発に挑むほうが、その過程で得られる「果実」が大きいということだろう。

一方で、LEDの開発チームは、従来の延長線上である不純物準位発光にこだわったために、結果的に半導体レーザーの開発チームに先を越されてしまった。

7000回の結晶成長

こうして高輝度な緑色LEDはできたため、日亜化学工業の開発のメインテーマは半導体レーザーとなり、開発チームの人員は徐々に増えていった。だが、レーザー発振というゴールは全く見えなかった。

日亜化学工業では月に1回、開発に関して報告を行う。半導体レーザー開発チームの月報は、開発に踏み切ってからのほぼ2年間、全く同じ文言で締めくくられていた。

「レーザー発振せず」

あまりにも進捗がないので、他の部署からは嫌味とも取れる質問も飛んだ。「どれくらいの電流を流しているの？」「そんなに電流を流してもレーザー発振しないのか？」「本当にレーザー発振するの？」と。

だが、前人未踏の領域のため、とにかくレーザー発振しない原因が分からない。レーザー専用の設備や治具もないため、それらを自分たちで作ったり、図面を作成して製作を依頼したりする必要があった。ＬＥＤとは違う高度な技術が要求される中で、開発チームは手作り感満載のデバイスづくりに精を出していた。

ここで、半導体レーザーの開発を成功に導いたもう１つの要因がある。それは、とにかくたくさんの実験を行ったことだ。これは半導体レーザーに限らず、日亜化学工業の開発の成功要因であり、特徴でもある。

半導体レーザーの開発チームは、開発を開始した１９９４年1月からレーザー発振した１９９５年11月までの2年弱の間に、半導体レーザー用の結晶成長を、実に７０００回も実施したという。当時の半導体レーザーは、直径２インチのサファイア基板上に結晶を成長させていた。実験に使っていたMOCVD装置は2台あり、それぞれ1日当たり4～5枚のサファイア基板を使った。しかも、MOCVD装置は土日も動かしていたという。

このサファイア基板は当時、1枚で3万円以上した。すなわち、1日当たり10枚ほど、30万円以上の費用がかかる実験を2年近くの間、開発チームは続けたのである。しかも、レーザー発振ができるかどうかが全く見えないにもかかわらずだ。

だが、ものになるかどうか分からない開発にも最大限の資金を投入して開発を支えるのが、日亜化学工業の経営方針だ。結果的に、半導体レーザーにおいてもこの方針が実を結ぶことになるが、それが分かるのはまだ先のことである。

人力による微細加工

半導体レーザーを開発する上で乗り越えるべき課題はいくつもあるが、中でも苦労したのが、「人力での微細加工」だ。

レーザーは発振条件を満たすまで光を活性層内に閉じ込める必要がある。チップの両端に反射鏡を設けて、活性層で放たれた光をチップ内に閉じ込める。一方の反射鏡の反射率を高く、もう一方の反射鏡のそれを低くしておき、光の反射を繰り返すことで増幅させ、同じ位相と波長の光を反射率の低いほうの反射鏡から放出させる仕組みだ。

この反射鏡に相当し、光を活性層に閉じ込める重要な役割を果たすのが「共振器」である。開発チームはこの共振器を作るのに苦労した。共振器の端面（以下、共振器端面）を平行かつ平滑な面に加工する必要があったからだ。しかも、要求水準は「原子レベル」。すなわち、原子レベルで平行かつ平滑な共振器端面を人の手で作らなければならなかったのである。しかも、当時は硬いサファイアを材料に使っていたため、微細加工するのは大変だった。

開発チームは3つの方法で共振器端面の微細加工に臨んだ。結晶が特定の方向に沿って割れやすい性質を利用する「へき開」、共振器を物理的に研磨する「端面研磨」、化学的に削る「ドライエッチング」だ。結論から言うと、これらは全て成功したのだが、初めてレーザー発振した際に採用されたのは端面研磨である。

サファイア基板（ウエハー）をダイシングで暫定的に切り、バー材にしたものを垂直に立てて削る。原子レベルの平行や平滑さを満たすのは極めて難しいが、とにかく治具を使って手で研磨し続けた。担当者は来る日も来る日も端面を手で研磨。そのうち、μm単位で厚さが分かるようになった。これを半年間も続けた。担当者が毎日、一心不乱に磨いている姿勢を見て、周囲からは「彼らは心を磨いているのだ」という冗談とも本気とも取れる言葉まで聞こえてきた。

電極にも微細加工を要した。光を閉じ込めている半導体の上に、電流を流すための電極を付ける必要がある。要求されたのは、わずか2μmの幅にちょうど2μmの電極を正確に付けることだ。ほんの少しでも電極がはみ出すと、電流がきれいに流れなくなり、光を閉じ込めることもできなくなる。これも担当者が手で行った。

そして、開発チームはついに、歴史的な日を迎えることになる。

世界初のレーザー発振

その日は1995年11月18日だった。土曜日であったものの、開発チームには出勤しているメンバーもいた。長濱氏もその1人だった。そして、この日も長濱氏はレーザー発振の検査に着手した。チップにプローブを立てて電流を流し、スペクトルを見ながらレーザー発振しているかどうかを確かめるのだ。それまではLED状態では光るものの、レーザー発振しない日々が続いていた。

いつものように徐々に電流を上げていくと、1アンペア（A）を超えたところで、スペクトルの半値幅（線幅）が数十nmから1～2nmに急に小さくなり、強度が振り切れた。一瞬、スペクトラムアナライザー（計測器）が壊れたのかと思ったほどだ。目をこらすと青紫色のレーザー光が見えた。波長は410nm。これが、世界で初めてGaN系半導体レーザーが電流注入によってレーザー発振（室温パルス発振）した瞬間だった。

「これ、発振ちゃうか？」

そう言って、同じく休日出勤していた開発メンバーを呼んだ時、プローブを持つ長濱氏の手は震えていた。レーザー発振したと知って駆け付けた開発メンバーの中には、感動のあまり泣き崩れる者もいた。

レーザー発振してからは、開発メンバーは「月報を書くのが楽しくなった」（長濱氏）という。次の実験へのフィードバックが早くなったからだ。いろいろなパラメーターを振ると、レーザー発振するまでの電流値を測れるため、例えば効率の良し悪しといったものを定量的に判断できる。そして、その結果を基に次の実験に生かせるのだ。開発は加速した。

1996年、開発チームは直流電流による発振（CW発振）を実現した。課題は寿命だったが、当初は数秒だったものが、数十分、数時間、数十時間と伸びていき、最終的には次世代光ディスクに求められる耐用時間を満たせるようにまでなった。

寿命が課題となったのは、当時の半導体レーザーがサファイア基板を使っていたからだ（現在は使っていない）。サファイア基板にGaNを結晶成長させると、格子定数の差で転位（欠陥）が生じる。実はLEDでは問題にならないのだが、電流密度が2桁も3桁も違う半導体レーザーでは致命的だった。

そこで、開発チームは転位を低減する技術を導入した。転位の方向を曲げる「横方向成長（ラテラル成長）」だ。転位は、結晶成長の方向にまっすぐ伸びていく。格子定数の差で生じた転位は活性層にまで達し、光らなかったり、発熱して寿命が短くなったりする。そこで、転位を意図的に横に曲げて成長させることで、活性層に転位の影響を及ぼさないようにするのが、横方向成長だ。他社が発表したものに、日亜化学工業は生産性を良くするために自社の工夫を加えて、いち早く実用化に持っていった。

こうして、1999年についに製品化にこぎ着けた。用途は、光ディスク規格「Blu-ray Disc（ブルーレイ・ディスク）」用ピックアップ光源や産業用レーザープリンターの光源などだった。

「楽しいなら、やりなさい」

光ディスク用ピックアップ光源は市場の拡大が見込まれた。日亜化学工業ではそのための事業部が立ち上がり、波長が405nmの青紫色半導体レーザーの出力を高める開発が進められた。そして見込み通り、この事業は2005年以降に日亜化学工業に利益をもたらすようになった。

ところが、長濱氏はこの開発には加わらなかった。高出力化の開発は改良技術の開発のように思えてしまい、モチベーションが高まらなかったのだ。代わりに、２０００年以降、開発を開始したのは、レーザー発振波長の長波長化（以下、長波長化）である。ディスプレー用光源を目指した開発だ。

当時、半導体レーザーを光源に使うと、非常に色鮮やかなディスプレーができると言われていた。ところが、光の三原色のうち、開発されていたのは赤色半導体レーザーしかなかった。そこで、青色と緑色の半導体レーザーを開発したいという気持ちが長濱氏の中で高まっていった。

事業部側は「なぜ、そんなことをやるのか？」と疑問の声を上げた。光ディスクがこれから伸びていくのだから、高出力化の開発に力を入れるべきだという主張である。実際、競合企業もビジネスチャンスを逃すまいと開発に力を入れていた。一方で、長波長化の開発については「そもそも、それをやって売れるのか」という言葉も投げ掛けられた。

　ここで長濱氏の背中を押したのも、当時社長だった小川英治氏だった。直接面会する機会があった長濱氏は、周りが光ディスク用ピックアップ光源の話題で持ちきりになる中、「長波長化の開発をさせてください」と小川英治氏に訴えた。すると、「その開発は面白いか?楽しいか?」と聞かれた長濱氏は「楽しいです」と即答した。次の瞬間、小川英治氏からは「そうか、じゃあ、やりなさい」という言葉が返ってきた。こうして、長濱氏はディスプレー用光源の開発に全力を注ぐこととなった。

　結果から言うと、この決断は「正解」だった。光ディスク用ピックアップ光源の事業は、2010年ぐらいでピークアウトを迎えたからである。大容量のデータを高速で通信するブロードバンド時代の到来により、光ディスクに映像などを記録する機会が減っていったのだ。競合他社の中には部署がなくなり、リストラされた人たちもいる。

　逆に、ディスプレー用光源はプロジェクター向けにビジネスが立ち上がった。その時期は2010年ごろ。ちょうど光ディスク用ピックアップ光源の事業が縮小に向かう時に、ディスプレー用光源は新たな事業として伸び始めたのだ。今（2025年）では半導体レーザー事業全体の6~7割を支えている。売り上げは、光ディスク用ピックアップ光源の事業がピークを迎えた時の3倍にもなっている。

効率および出力の向上

長波長化によって青色半導体レーザーおよび緑色半導体レーザーを開発する上で、技術的な難所は、活性層に光を閉じ込めることだ。波長が長くなるほど構造的に光を閉じ込めにくくなるからである。加えて、波長シフトのためにＩｎの含有量を増やさなければならないが、増やすと結晶が劣化して発光しなくなる。

解決のポイントは、結晶構造と結晶成長条件の最適化だった。当然、ＭＯＣＶＤ装置の改良も行った。これにより、活性層に光を閉じ込めることはもちろん、Ｉｎの含有量を増やしても良質な結晶ができるようになった。

ただし、開発には時間を要した。青色半導体レーザーは２００１年に波長が４４５ｎｍで出力が5ミリワット（ｍＷ）のものを開発し、徐々に出力を高めていって、２０１０年に１Ｗの製品がカシオ計算機のプロジェクターに採用された。

だが、Ｉｎの含有量をもっと増やさなければならない緑色半導体レーザーのほうは、結晶がさらに劣化するため、なかなか発振しなかった。ようやく１Ｗ級の製品を開発し、サンプル出荷を開始したのは２０１０年のことだ。そして、２０１４年には映画館に採用された。

改良は日々行われており、効率や出力は年々上がっている。青色半導体レーザーは２０１０年に効率が22％、出力が１Ｗであったのに対し、２０２４年にはそれぞれ52・4％と６Ｗにまで高まっている。一方の緑色半導体レーザーは、２０１１年に効率が14・1％、出力が１Ｗだったところを、２０２４年にはそれぞれ25・2％、２Ｗになっている。

そして、２０１７年からはディスプレー用光源の開発と並行して、加工用青色半導体レーザーの開発を日亜化学工業は開始した。自動車の電動部品などに使われている銅を溶接する需要を狙ったものだ。そのために、高出力化の開発を進めている。２０２１年に１７０Ｗの製品を実用化して以来、出力をどんどん高めており、２０２５年には８００Ｗまで引き上げる計画だ。

短期的な利益を追わない

現在、ビジネスの柱となっているディスプレー用光源だが、長濱氏は「日亜化学工業だから開発できた。他社では無理だったのではないか」と振り返る。先述の通り、2000年からの10年ほどは光ディスク用ピックアップ光源の需要が拡大する時期だった。普通の会社なら利潤を最大化するために、技術者を1人でも多く光ディスク用ピックアップ光源の開発に投入するはずだ。ものになるかどうか分からない新規開発の提案に首を立てに振る経営者は少ないだろう。

にもかかわらず、日亜化学工業でそれが可能だったのは、「短期的な利益を追求していないからではないか。新しい技術にチャレンジしたいという思いを受け止めてくれるのは、そのためだろう」と長濱氏は言う。

そもそも日亜化学工業の当時の状況を振り返ると、半導体レーザーの開発を始めるのも、他社では難しかったかもしれない。儲《もう》かるかどうか分からないどころか、開発できるか否かも見えない開発に、1枚当たり3万円強のサファイア基板を1日に10枚も使うような予算を組める企業が日亜化学工業の他にあるだろうか。

日亜化学工業のGaN系半導体レーザーは、今なお性能と品質で世界のトップを走っている。

第5章

なぜ日亜は開発に成功したのか

世界中の大手企業が実現できなかった青色発光ダイオード（LED）を、なぜ日亜化学工業はいち早く開発でき、また商品化できたのか。確かに、量産化に必要な技術を偶然見つけるなど、幸運に巡り合えたという面は否定できない。だが、同社の開発の深層を探ると、決して偶然の産物などではないことが分かる。日亜化学工業には、青色LED開発の成功を「必然」に変えた明確な理由が存在する。

圧倒的な実験回数

開発を成功に導いた最大の理由は、実験回数の圧倒的な多さだ。競合他社に対して「段違いに多かった。何十倍と言っても言い過ぎではないのではないか」と、当時LEDの開発部門をマネジメントしていた四宮源市氏（現日亜化学工業特別顧問）は語る。

ここまで何度も述べてきた通り、窒化ガリウム（GaN）系LEDはMOCVD（有機金属を使う化学的気相成長法）装置を使って、サファイア基板の上にGaN系化合物の結晶を成長させて作る。日々の開発で最も費用がかかったのは、このサファイア基板だった。当時のサファイア基板は直径2インチの大きさで、1枚当たり3万円強もしたからだ。

この高価なサファイア基板を、日亜化学工業では開発の初期の段階でさえ「毎日、使っては捨て、使っては捨ての状態だった。1日に何枚でも平気で使っていた。少ない日でも2〜3枚は使用していた」と、当時MOCVD装置を使って結晶成長を手掛けていた向井孝志氏（現日亜研究所特別主席研究員）は証言する。大手企業の中には、せいぜい1日1枚のサファイア基板を使えるかどうかというところもあった中で、まさに〝浪費〟というほどの使いっぷりだ。


こうした自由度の高い開発環境を支えたのは、豊富な資金の投入である。日亜化学工業は青色LEDの開発に着手した1989年に「試験研究費」名目で5億円、「設備投資資費」名目で6億円、計11億円を投じている。それも4人の開発人員に対して、である。開発に成功する1993年までを見ると、合計で66億円の費用をつぎ込んだ。ものになるかどうか分からない初期の研究レベルの開発に対し、ここまで思い切って資金を出す企業は中小企業どころか大手企業でも珍しいと言えるだろう。

青色LEDを開発した後は、資金投入をさらに加速させた。白色LEDを開発した

1996年までを合計すると181億円にもなる。開発人員も増強し、1993年には36人、1996年には125人まで増やした。携帯電話のカラー液晶のバックライトの需要が爆発的に増えた2004年までに投じた費用は、合計で1500億円を超えている。

MOCVD装置を内製

日亜化学工業が圧倒的な回数の実験を行えたのは、内製（社内で造ること）のMOCVD装置を使ったからだ。創業以来同社には、次のようなものづくりに対する基本理念がある。「製品を造るのは人間ではなく、道具（製造装置）である。製造装置がいかに優れているかで商品の出来は決まる。従って、製造装置はできる限り自ら造る」というものだ。この基本理念を同社は青色LEDの開発でも貫いた。結晶成長装置であるMOCVD装置を内製したのである。

とはいえ、開発を始めた当初はMOCVD装置に関する技術も知見もない。そのため、まずは1億数千万円もするMOCVD装置を1台、専門メーカーから購入した。これが日亜化学工業におけるMOCVD装置の1号機となった。

続いて、開発スピードを上げたい開発チームは、追加で「もう2台、MOCVD装置が欲しい」と口頭で経営陣に伝えた。希望を口にしただけなのに、この要求はすんなり通った。事実、向井氏は「依頼伝票を書いた覚えがない」と言う。費用は2台合わせて2億4000万円もしたのに、だ。

しかも、専門メーカーから購入したMOCVD装置はそのままでは動かない。本体にバルブやガスの流量制御装置といった基本部分しか付いていないからだ。それ以外の部分、具体的にはヒーターやガスの吹き出し口の部品は別のメーカーに発注し、最終的に動くところまでは日亜化学工業が自ら組み上げていった。

こうして3号機まで外部から購入したところで、当時社長だった小川英治氏はMOCVD装置の内製を決断した。ある日、開発現場にやって来た小川英治氏は、「MOCVD装置を自分たちで造りなさい」と開発チームに直接命じた。

だが、開発チームはこの言葉を右から左に聞き流して動かなかった。社長の指示といえども、さすがに一からＭＯＣＶＤ装置を内製するのは難しいと感じたからだ。社内で装置の製作を手掛ける生産技術部門も同様の意見だった。

ところが、しばらくして小川英治氏は再び開発現場を訪れた。そして、改めて「ＭＯＣＶＤ装置を自分たちで造りなさい」と厳命した。社長に2度も言われると、開発チームとしてもさすがに無視できない。観念してＭＯＣＶＤ装置の内製に着手した。

日亜化学工業は基本特許を持つ会社からライセンスを取得した上で、既に購入して実験に使っていた3台のうち、1台のＭＯＣＶＤ装置をバラバラに分解した。これによって構造を学んだ上で、それを真似《まね》てＭＯＣＶＤ装置を自分たちで造り始めた。開発チームのＭＯＣＶＤ技術の担当者と生産技術部門の担当者が連携をとり、構造をつぶさに調べては設計図面を作製したり部品を造ったりして、試行錯誤しながらＭＯＣＶＤ装置を造り上げていった。

ＭＯＣＶＤ装置の構造は想像以上に複雑だった。ところが、日亜化学工業には「天才的に工作ができる匠《たくみ》がいた」（四宮氏）。生産技術部門で働いていた武田謹次氏だ。ステンレス鋼板などの溶接を得意とする上に、配線もよりコンパクトに仕上げる。おまけに、ＭＯＣＶＤ装置を使う開発部門の技術者にとって使い勝手が良くなるような工夫も施した。武田氏は、図面を超えたより良いMOCVD装置を造れる優れた腕を持っていたのである。

こうして、日亜化学工業は4号機と5号機の内製に成功した。これ以降、同社ではMOCVD装置を社内で造ることが前提となった。現在、同社には何百台ものMOCVD装置が稼働してLEDを大量生産しているが、MOCVD装置は全て内製したものである。

古くなった装置はどんどん廃棄したり中古で外部に販売したりして、より効率の良い新しい装置に切り替えている。MOCVD装置は24時間稼働しており、ポンプや流量制御装置は消耗するため交換して使うが、2回くらい交換すると、より量産性に優れる新しいMOCVD装置に切り替えているという。

青色LEDの開発に戻ると、こうして内製したMOCVD装置を使うことで、開発チームの実験は加速した。実験して得た結果を基に、MOCVD装置をすぐに改良したり改造したりして、結晶成長技術をどんどん高めることができたからだ。先述の通り、そのための費用も日亜化学工業は惜しまなかった。開発チームが必要だと感じた費用は、申請すれば直ちに許可が下りる。そのため、例えば、原料を投入するノズルだけでも価格は何百万円もするが、開発チームは全く躊躇《ちゅうちょ》することなく、ばんばん変えていった。

しかも、内製化に切り替えたことでMOCVD装置の台数が増えたため、装置の改良や改造を行っている間に、その時間を待たずに他の装置で実験ができる。従って、時間を無駄にすることもない。

日亜化学工業には研究開発（開発現場での実験）に使うMOCVD装置だけでも何十台もあったという。大手企業である競合他社でも、せいぜい2～3台しか社内に設置していないと言われていた時代である。おまけに、日亜化学工業のMOCVD装置のほうが効率に優れていた。開発チーム側の無数の実験で得られた知見を装置側に取り込み、改良・改造を加え続けていたからだ。実験回数は、MOCVD装置の台数と効率の掛け算となるため、日亜化学工業と競合他社との差はどんどん開いていく。

内製のMOCVD装置で結晶成長技術が高まると、さらに実験が進む。その結果を受けて、より優れた結晶成長が可能なMOCVD装置を造る──。日亜化学工業にはこうした好循環が出来上がっていった。これにより、結晶成長の技術はますます高まり、ノウハウがどんどんたまっていったのである。

日亜化学工業が内製するＭＯＣＶＤ装置は、エピタキシャルウエハーの面内分布に優れている。面内分布とは、ウエハー表面全体にわたるエピタキシャル層（エピ層）の特性の均一性を示す指標だ。簡単に言えば、「良品率が高い」ということである。

もっと言えば、同ウエハーは中央の「Ａ級品」から周囲にいくほど「Ｂ級品」、「Ｃ級品」と品質が落ちていくのだが、日亜化学工業のＭＯＣＶＤ装置で造ったエピタキシャルウエハーはＡ級品の割合が高い。これはＬＥＤの明るさや順方向の電圧といった性能に効いてくる。すなわち、日亜化学工業のＭＯＣＶＤ装置では性能の高いＬＥＤをより多く造れるというわけだ。

これに対し、ＭＯＣＶＤ装置を専門メーカーから購入する競合他社は、当然ながら自ら装置の改良や改造ができないため、それを専門メーカーに依頼する必要がある。だが、外部に依頼すれば時間がかかるため、実験回数を増やすことができない。これが日亜化学工業との間に大きな差を生んだ。

日亜化学工業がＭＯＣＶＤ装置の内製化に踏み切った背景には、ノウハウを守るためという、もう１つの理由もあった。外部の専門メーカーに発注すると、そのメーカーが別の顧客、すなわち日亜化学工業の競合企業にMOCVD装置を販売するときに、「日亜化学工業ではこのようなセッティングで使っている」といったセールストークをする恐れがあるからだ。これでは日亜化学工業の大切なノウハウが外部に漏れてしまう。

日亜化学工業の内製力の高さを示すエピソードがある。効率が劣るとして同社が外部に販売した中古のMOCVD装置が、他の中古の装置よりも2割ほど高く取引されていた時代があったというのだ。中古のMOCVD装置を通じて、GaN系LEDの世界で先頭を走る日亜化学工業のノウハウを吸収できるからである。

口頭で即断

即断即決も、日亜化学工業の開発に成功をもたらした理由の1つだ。

チームで開発を進めている場合、通常は会議を開いて皆で情報を共有したり議論したりする。例えば、週に1回の頻度で開催される定例会議などだ。

これに対し、日亜化学工業の開発チームでは「喫煙所での雑談」が会議の代わりとなった。当時の開発メンバーは喫煙者が多く、休憩時間に自然と喫煙所に集まり、そこで雑談を交わしながら実験で得た結果の情報共有を行い、新たな開発のアイデアを話し合ったという。

しかも、報告するのに書類が不要なケースも多かった。口頭の説明で済むのだ。どういうことかと言えば、社長（当時）である小川英治氏が毎日のように開発現場にやって来るからである。その際に開発チームの管理者やメンバーが小川英治氏に口頭で説明すると、それが会社に対する報告になるというのだ。逆に、開発チームの人間が役員室などにいる小川英治氏に説明に行くと、話を聞いたらすぐに、「早く現場に帰って開発しなさい」と追い返されていたという。

しかも社長なので、決裁はその場で行われる。「開発にこんなものが必要です」と言えば、小川英治氏からは「すぐに買いなさい」「申請書なんて後でいい。時間がもったいない」というお決まりの言葉が返ってきたというのだ。

こうした即断即決が開発のスピードを高めた結果、日亜化学工業は競合他社よりも先に成功を手にできたのだ。

チップ売りを拒否

最後に、日亜化学工業が青色LEDの「量産」に成功した理由についても触れたい。

青色LEDの開発を発表した直後、日亜化学工業には大手企業から特許のライセンス契約の依頼が殺到した。日亜化学工業がサンプル出荷を開始したとはいえ、業界ではまだまだLEDメーカーとして認知はされていない。そこで、LEDの量産技術を既に持っている企業が、「うちで造ったほうが良い製品を造れる」と言ってきたのだ。

そうした依頼をしてきた企業の中には、顧客もいた。日亜化学工業の当時の主力事業だった蛍光体を販売している大手の〝お客様〟である。それでも、日亜化学工業は特許ライセンス契約を結ぶことをしなかった。

すると、次はチップで販売してほしいという依頼が大手企業から舞い込んだ。チップとは、MOCVD装置で作製したウエハーに電極を付けた後、1個ずつカットしたものだ。そのチップを日亜化学工業から購入し、そこから最終製品であるLEDまでは大手企業が自社で手掛けるというわけだ。

だが、日亜化学工業はこうした依頼も全て断った。ＬＥＤメーカーの中には、自社が既に持つ販売網を利用したらどうかと提案する企業もあった。日亜化学工業はＬＥＤメーカーとして無名なのだから、「こっちで販売したほうがよく売れる」と見られたというわけだ。だが、日亜化学工業はこの提案にも乗らなかった。

その理由は、日亜化学工業がＬＥＤとしての完成品か、もしくは応用製品しか販売しないという事業方針を固めていたからである。

実は、社内にはこの方針に反対する者もいた。特許ライセンス契約やチップ販売、あるいは知名度の高いＬＥＤメーカーと組んだほうが、「手っ取り早く稼げる」と思ったからだ。幸運にも青色ＬＥＤを開発できたものの、当時はまだ蛍光体メーカーにすぎない日亜化学工業がＬＥＤを自ら量産する姿を想像できなかったのだろう。

自ら製品もしくは応用製品まで造って販売するという事業方針を決めたのは、もちろん、当時社長の小川英治氏だ。「自ら開発に成功してしまったのだから、この先は自分たちで事業化するしかない」と考えたのが、この決断の理由だ。世の中にないものを日亜化学工業が生み出したのだから、まだ誰も量産への道のりを知らない。だったら、自分たちがその道を開拓するしかないというわけである。

この事業方針を貫くために、小川英治氏は組織変更を行った。新たにLEDの部門を立ち上げ、蛍光体の部門と明確に切り離したのだ。

日亜化学工業はこの事業方針の下、当時の売り上げを超えるほどの巨額の借り入れを行って、LEDの量産工程を構築していった。結果的には事業として成功するものの、この時はまだその可能性は十分に見えていなかった。そのため、LED事業に大きく懸ける会社の動きに対して、「経営が傾くのではないか」と不安を覚えたり、収益を生むかどうか分からない新規事業へ蛍光体事業で稼いだ利益をつぎ込むのを面白くないと感じたりする社員が少なからずいたのである。LEDの部門を新設したのは、こうした反対派の〝圧力〟や〝雑音〟などから担当者を守り、開発や量産工程の構築の業務に集中させるためでもあった。

自社でLED製品の量産まで行えば、最終製品の品質や性能を自ら改善することができ、LEDメーカーとしてレベルアップできる。加えて、万が一、不具合のあるチップを販売した場合でも、すぐに対応して費用負担を軽くできるという利点もあった（その理由は

第6章で解説する）。自社での量産によって日亜化学工業が負ったリスクは非常に大きかったが、なんとか乗り越えた。これも社長以下、全社員のチームワークの賜物《たまもの》だろう。

第6章

小川英治会長の頭の中

――日亜化学の真の成長源――

日亜化学工業を売上高5000億円規模にまで成長させた最大の功労者は、なんといっても会長の小川英治氏だ。専務、社長、そして現在の会長時代を含めて実質的に経営トップである小川英治氏の考えが各現場の社員にまで浸透することで、同社は飛躍的な成長を遂げたとも言える。その意味では、同氏の考えは日亜化学工業の考えそのものだ。

ところが、大のメディア嫌いということもあって、小川英治氏の声は社外にはあまり聞こえてこない。

どのような人物なのか。結論を先に言えば、小川英治氏は製造業において稀有《けう》な経営者だ。ものづくりを担う企業とし

日亜化学工業2代目社長で現会長の小川英治氏

日亜化学工業に高成長をもたらした。（撮影：小西啓三）

て理想に近い経営トップと言っても言い過ぎではないだろう。現場と共にあり、現場の人間が直面する課題や悩みを受け止める経営者だからだ。

もともと技術者だったこともあり、小川英治氏は自ら機械の図面を引いたり、現場で社員の話を聞いて指示を出したり、技術者の週報や研究レポートに必ず目を通したりするなど、これまで常に現場の視点を持って経営判断を行ってきた。そうした行動や経営手腕からは、ものづくりで生き残っていくと覚悟を決め、そこに信念を持って情熱を注ぐことで成功を収めた経営者だということが分かる。

創業家出身の経営トップだからといって、社長室にこもっているタイプではない。それに、そもそも日亜化学工業には会長室や社長室といった個室の役員室はない。いわゆる「大部屋制」であり、パーティションはあるものの、会長も社長も社員と同一のフロアで、いつでも声が掛けられる状況の中で職務に当たっている。

日亜化学工業の成長の秘密を知るには、やはり、小川英治氏がどのように考えて経営してきたのか、その「頭の中」に迫る必要がある。社員への取材や小川英治氏自身が社内報に記した文章などから、同氏の経営に対する考えを浮き彫りにしていきたい。

知識の幅を広げる

既に述べた通り、発光ダイオード（ＬＥＤ）事業を始める前は日亜化学工業は蛍光体メーカーだった。蛍光体事業を開始したのが１９６６年。そこから30年ほど経過すると、同社は世界一の蛍光体メーカーになった。では、なぜ蛍光体メーカーがＬＥＤ事業に乗り出したのか。この疑問に対する小川英治氏の回答はこうだ。

小川英治氏：「日亜化学工業は当時、蛍光体で既に80％近いシェアを持っていた。このまま蛍光体事業だけを続けても、会社の発展性はないだろうと思っていた。そこで、同じ光る性質のものだから、そういうもの（ＬＥＤ）を勉強してみたら何か次のヒントが得られるのではないかと考えて、やってみただけだ。

結局のところ、やってみないと分からないからやってみたのだ。（外部の企業などから）教えてもらいながらいろいろとやっていると、技術に関する知識も幅も広がるだろうと考えた。

ＬＥＤの開発に成功するとは、全く思っていなかった。ただ、知識の幅を広げて、蛍光体だけではない、何か次の事業のヒントが見つかればというぐらいの気持ちだった」

こうして日亜化学工業は１９８４年ごろから赤色ＬＥＤや赤外ＬＥＤの薄膜形成（結晶成長）に着手した。まずは赤色ＬＥＤの技術から学び始めたのである。その後、１９８９年４月から同社は青色ＬＥＤの開発に本腰を入れ始めた。ここで、材料に窒化ガリウム（ＧａＮ）を選んだのが、日亜化学工業が後に成功をつかむ上でのターニングポイントの１つだ。

実は、当時はセレン化亜鉛（ＺｎＳｅ）のほうが有望視されていた。明るさは実用レベルに達していないながらも、既に発光していたからだ。これに対し、ＧａＮは結晶成長すら難しい段階だった。なぜ日亜化学工業は難しい材料を選んだのか。この疑問に小川英治氏はこう答える。

小川英治氏：「偉い先生方が皆、ＺｎＳｅをやっていた。こんな田舎の企業でド素人の集団が、同じことをやっても追い付けるはずがない。だから、他がやっていないことをやるしかないと思って、GaNのほうを選んだ。それが成功した」

日亜化学工業には青色LEDを開発した後、他社からそのチップを売ってほしいという依頼が殺到した。すなわち、半完成品としての提供依頼だ。だが、それを全て断り、小川英治氏は青色LEDを製品として販売することにこだわった。チップで販売したほうが、ずっと早く売り上げになる。生産面での莫大な投資も抑えられる。それなのに、なぜ断ったのか。

小川英治氏：「チップを売らなかったのは、当時の品質がまだ安定していなかったからだ。最後は目視で調べて出荷するような状態だった。これでは売った先（顧客側）で品質不具合が発生したときに、どちらに責任があるかが分からなくなる。日亜化学工業の責任なのか、顧客の使い方が悪いのか、その境目がはっきりしない。

しかし、販売先は大手企業ばかりだから、「日亜化学工業のものが悪かったからだ」と言われれば、力関係から、「ああそうですか」と言うしかない。そんなものを売っても商売になるとは思わなかった。それで、我々としては最後のパッケージまで施した製品を生産して売るしかないと思った」

巨額の投資ができた訳

小川英治氏の経営の考えに関して最大の謎は、「なぜ巨額の投資を決断できたのか」だ。ここまで何度も述べてきた通り、日亜化学工業にとって最大の成長エンジンはLED事業だ。ただし、ここで世間には1つの大きな誤解がある。ノーベル賞（2014年のノーベル物理学賞）を取るほど画期的な青色LEDを発明したのだから、儲《もう》かるのは当然だという意見だ。つまり、儲かると分かっているのだから、投資に関する決断も楽だろうという推測である。だがこれは、あまりに単純な見方と言わざるを得ない。

確かに、革新的な製品の発明は潜在的に大きな市場ニーズを秘めている。だが、現実のものづくりはそれほど甘くはない。たとえ研究室レベルで製品ができたとしても、それを市場投入できるレベルの品質とコストを満たしながら安定的に量産しなければ、幅広く普及などしないからだ。

こう言えば伝わるだろうか。もしも今では数十円でも買える青色LEDのチップが1個当たり1万円もしたら、誰が買うのか。あるいは、数時間で光らなくなる程度の品質（耐久性）だったとしたら、誰が採用するのかと。

しかも、潜在的な市場ニーズは青色LED単体ではなく、それと蛍光体を組み合わせた白色LEDのほうが桁違いに大きかった。青色LED単体の用途は白色LEDと比べると限られていたというのが、市場の現実なのである。ノーベル賞を受賞したからといって、それだけで自動的に巨額の売り上げや利益が舞い込むというのは、さすがにビジネスを知らない人間の考えだろう。

しかも、小川英治氏は青色LEDをチップではなく、製品として販売することを決めた。これでは投資が大きくなり、その分、経営リスクも増大する。それでも製品として販売すると決めたのはなぜか。

小川英治氏：「そんなこと（投資の金額）は関係がない。お金が要るとか要らないとか、そんな問題ではない。とにかく良いものを造り、売り出して、世の中の役に立つということが大事なことなのだ。そのためにはやはり、最後まで自分で造るしかない。自ら開発に成功してしまったのだから、この先は自分たちで事業化するしかなかったのだ。

ＬＥＤを研究し始めた時に、まさかＬＥＤの開発に成功して生産ラインを造って、自分たちで製造・出荷することになるとは思いも寄らなかった」

日亜化学工業が自ら生み出した新しい製品ということは、当然、他社では造れない。世の中に提供するには、自ら造るしか方法がない。だったら、どんなに巨額な投資になろうと、自分たちで量産にまで持ち込むしかないと考えたというわけだ。

青色ＬＥＤの開発に成功した後、小川英治氏は社内報（１９９４年４月発行）にこう記している。

「昨年末、当社研究チームの発明による青色ＬＥＤが公開されました。現在日本で製造されている多種多様な製品は、米国を主とする諸外国での発明品に依存したものがほとんどで、概《おおむ》ね我が国の高度な製造技術が他国のオリジナリティーを凌駕《りょうが》しているだけであるように見えます。こういう日本の技術状況の下にあって、日亜の青色ＬＥＤは日本が世界に誇り得る発明の１つに数えてもよいものと思われます。

これからはこの発明を基にしたＬＥＤ事業を拡張し、蛍光体と並ぶ日亜のもう１つの柱に育てていく方針であります。

ここにおいて十分に認識されなければならないことは、いくら発明自体が優れていても、それだけでは事業としては成功しないということです。『日亜ＬＥＤ』が世界に通用する商品として利益を上げるまでには、これまでの研究チームの数百倍のエネルギーが必要になってきます。

ＬＥＤは商品としては今、産声を上げたばかりです。これが本物の商品と呼べるようになるまでには、生産技術の確立や営業努力など、発明の裏で多くの仕事が待っています。ＬＥＤの商品化に当たっては、先に例示した（注：蛍光体のこと）ような地道な技術改良がこれまで以上に求められています。いつまでも下手な製法のツケをお客様に負担してもらうわけにはいきません。そんなツケを残していては、その商品が市場に受け入れられている期間は極めて短いものになってしまうでしょう。

この辺りに、一寸先を闇にするかどうかの分岐点があるように思われてなりません。発明に溺れて着実な努力を怠ると競争に破れ、経営は危うくなります。会社を伸ばすか傾けるかは、ひとえにそこに懸かっています」（社内報No.48）

事実、小川英治氏はLED事業に文字通り社運を懸けた。青色LEDを開発した翌年の1994年に「この仕事を世界一にしよう」と決断し、かつてない大規模な先行投資を断行した。これにより、辰巳工場（徳島県阿南市）に世界一のLED工場を新設した。

それだけではない。LED事業が稼げるようになるまで会社を支えるべく、既存事業である蛍光体事業を強化するために新工場を建設した。さらに、1995年から製造を開始した新規事業である2次電池の正極材料事業にも、生産力を高めるための投資を行っている。

投資資金は銀行から借り入れた。日亜化学工業は株式を公開していないためだ。到底担保としては足りるはずもないが、本気の度合いを示すために小川英治氏は個人保証まで行っている。結果、1998年時点では売上高が412億円（経常利益が56億円）であるのに対し、借入金は399億円にも達した。売上高と拮抗する借り入れを行ったのだ。小川英治氏自身、この時のことを「企業経営の常識を遥《はる》かに超えるもの」だと振り返っている。

その後も投資は続き、辰巳工場のLED工場を建設するために投じた資金は600億円にもなり、当時の売り上げを超えたとも言われている。結果的に、この投資が後に日亜化学工業に大きな収益をもたらした。

だが、それはあくまでも結果論に過ぎない。ビジネスにおいて約束された未来など存在しないのは、日亜化学工業のＬＥＤ事業も同じことだ。実際、社内には「会社が傾くのではないか」「青色ＬＥＤに金をつぎ込んで会社を潰す気か」などと心配する役員や社員もいた。反対者が現れるのも無理はない。蛍光体事業によって稼ぎ出した利益を、小川英治氏がまだ事業として成り立つかどうか分からない段階のＬＥＤ事業につぎ込んだからだ。

創業者であり当時会長だった小川信雄氏も一時は心配していたようだ。同氏と小川英治氏は経営において共通の価値観を持っていたこともあり、小川英治氏のものづくりに関する提案に小川信雄氏が反対したことはないという。そのため、面と向かって反対の意思表示をすることはなかったものの、小川英治氏以外の家族には不安な気持ちを吐露したこともあったようだ。

日亜化学工業に融資したのは徳島銀行（現徳島大正銀行）と阿波銀行、四国銀行である。先の通り、借り手が「企業経営の常識を超える」と表現するほどの融資案件を、各銀行はなぜ承認したのか。これについては「日亜化学工業は片田舎から世界一の蛍光体メーカーにまで成長した実績があった。研究熱心な会社であり、世界で大きなシェアを持っていて、世界の大手企業が蛍光体を買いに来ているのを見ていた。そのため、この会社が次に何か乗り出したら、何かを成し遂げるのではないかという信頼と期待感があったからだろう」と、銀行出身の日亜化学工業のある役員は言う。

もっとも、小川英治氏は銀行からの借り入れを可能にするために、こうした巨額の投資を行う一方で、会社の経営状態を黒字に保ち続けた。だからこそ、LED事業だけではなく、既存の蛍光体事業の競争力の向上にも努める必要があったのだ。小川英治氏はこの時のことを「非常に困難だった」とさらりと語るが、世界のどの企業も経験したことがない新規事業を立ち上げながら、なおかつ、しっかりと利益を出すために既存事業を強化する業務までこなすとは、尋常ではない働きだ。

失敗していたら、きっと無謀な賭けだったと後付けで酷評されたことだろう。その無謀とも言える賭けを、成功へと着実に近づけていったのもまた、小川英治氏自身である。社長である自らが陣頭指揮を執り、現場に出向いてLED事業を形にしていったからだ。

具体的には、工事の進行や技術レポート、営業レポートといった膨大な資料に目を通しつつ、直接現場に出て進捗状況を確認。こうして、大型の設備投資を有効に生かすべく、技術内容や進展の様子を確かめた。出勤日はもちろん、休日にも出社し、手遅れにならないように指示を出していったのだ。

小川英治氏は研究開発現場にも頻繁に立ち寄った。研究者や技術者と話すほか、実験レポートには必ず目を通し、月報にはしばしば手書きでコメントを書き込んだ。これについて小川英治氏は、「技術者に対して、私が月報をしっかりと見ていることを示すとともに、技術者と同じ目線で共に考える中で、より良い製品を作り出したい一心で、私が改良すべきであると考えたポイントをアドバイスする意図でコメントしている」と言う。その上で、社長という経営トップでありながら「多くの時間を現場関係に割いてきたのは、全プロセスで改良に改良を重ね、より良い製品を生み出すために、各担当者と同じ目線で見たかったからだ」と語る。

世間はこうした小川英治氏の決断や行動を知らず、日亜化学工業が成功した後の姿しか見ていない。従って、同氏が社長としてどれほどの重圧を受けたかはもちろん、同社がLED事業においてここまで巨額の借金を背負ったために、研究に着手してから7年もの間、赤字に耐え抜かなければならなかったという事実を、社外の人はほとんど知らない。

「日本発の発明を日本の新産業として育成する使命感の下で、当社にとっては無謀とも言える高額な経営資源の投下を行」(社内報No.57)った結果、1997年にようやく黒字化し、2000年になってLEDメーカーとして世界首位に上り詰め、それ以降、業績をさらに大きく伸ばしていったというのが、日亜化学工業の本当の姿なのである。

「二番煎じ」は許さない

ここまで日亜化学工業の「技術者天国」の様子を紹介してきた。特に研究や開発に携わる技術者とっては、自身が望むテーマの研究開発に存分に取り組める可能性が、少なくとも他者よりはかなり高いと言える。どうしてもこのテーマを研究したいと熱意を持って提案すれば、大抵の場合はそれが通る。

ただし、小川英治氏が絶対に首を縦に振らないものがある。それは「二番煎じ」の提案だ。どこかよその会社がうまくいっているからといって、それを真似《まね》した研究テーマの提案を同氏は許さない。たとえ製品化寸前までこぎ着けたとしても、売るのを止められるという。

その理由は、他社の真似をするなら「日亜化学工業の存在意義がない」と考えているからだ。「よそでもできることは、日亜がやる必要はない。他社に任せておけ」というのが小川英治氏の考えなのである。

そうではなく、常に他社が取り組んでいない領域で、一歩先行く提案が求められる。そうしないと日亜化学工業では評価されることはない。

ただし、同じ製品を造る場合でも、生産技術面で新規性がある提案であれば受け入れられる可能性がある。他社とは異なる造り方で、理論的に正しかったり、よりシンプルな方法だったりするものだ。そうした提案であれば、当初は技術的に解決が難しくても、いずれ世界一になれる可能性を秘めた提案として小川英治氏はゴーサインを出す。

低い目標は許さない

同じく、低い目標も小川英治氏は即、却下だ。開発などで低い目標を立てておいて「できた」と言っても、「そんなもの、もともと目標が低かっただけだ」と見なされる。

逆に、十分に高い目標であれば、取り組んでみた結果「できませんでした」と言っても、小川英治氏がとがめることはない。「それでいいんだ。最初からそれほど簡単にできるとは思っていない」などとフォローの言葉が担当者に投げ掛けられる。

これは、難易度の高い課題に取り組んだほうが、たとえ形となる成果が出せなかったとしても、そこで多くを学べるからだ。目標が十分に高ければ、失敗しても得られる果実は大きく、将来につながると小川英治氏は見るのである。

このことは開発に限らず、商品化に至る過程についても言える。製品によっては商品化前に失敗が続き、市場投入までに時間がかかるケースがある。こうした場合に想定以上に時間がかかっていることを小川英治氏に報告しても、叱られることはない。むしろ、「それでいいんだ」という好意的な言葉が返ってくる。

これも理由は先と同じだ。すなわち、簡単にできるものはすぐに真似される。逆に、時間がかかるということは、商品化する上での課題解決の難易度が高い証拠であるというわけだ。

先行する日亜化学工業がてこずっているのなら、よその会社はもっと解決に手間取る。ということは、模倣されにくい証拠であると、小川英治氏は判断するのである。

技術は守り抜く

社内で培った技術やノウハウは日亜化学工業にとって「生命線」だ。従って、目先の売り上げなどよりも、よほど大切にする。

かつて、液晶のバックライト用ＬＥＤの大口顧客がいた。日亜化学工業の年間の売り上げは１００億円にもなっていた。だが、同社はこの海外企業との取引を打ち切った。顧客の不穏な動きを察知したからだ。

この海外企業は日亜化学工業に様々なことを聞いてきた。それも製品の仕様や品質に関することに限らず、結晶成長装置を何台そろえているかといった企業秘密に相当する部分にまで執拗に質問してきたというのだ。経営幹部が工場視察に訪れた際には、こっそりと写真を撮っていることも確認した。

調べると、その海外企業はバックライト用ＬＥＤの内製（社内で造ること）化を目指していることが分かった。要は、この海外企業は顧客の立場を利用して、日亜化学工業から様々な情報を聞き出そうとしていたのである。

そうと知った小川英治氏の判断は早かった。躊躇《ちゅうちょ》なくその海外企業との取引関係を解消した。大切な生産技術やノウハウを守ることに比べたら、１００億円の売り上げなど安いものだというのが、小川英治氏の考えなのである。

「数字」を追わない

会社経営とは、いわゆる「数字」を追うものだ。企業とは営利の追求を使命とし、経営トップは業績の数字を上げることに血眼になる。ところが、日亜化学工業は決して目先の数字を追わない。

例えば、売上高に対して目指すところを緩やかに「旗印」として掲げることはあるものの、必達目標といった類いのものはない。これは小川英治氏と小川信雄氏の両氏の経営に関する価値観に基づくものだと思われる。

その価値観とは、「会社運営に関しては金儲《もう》けというよりも、商品の機能が他のどこよりも品質の高いものを開発して、小さな会社であっても誇りを持って仕事をすることに喜びを感じる」（小川英治氏）というものだ。

こうした価値観の下で、高性能な製品を高いコスト競争力で造るために、製造面での合理化プロセスを追求する。そして、独立会社として存続していくというのが両氏の考えだ。

社内報に小川英治氏はこう記している。

「当社は単に販売の規模の拡大や利益の追求を目指している事業会社ではなく、技術開発を通じてその成果を世の中に役立てることにより事業の継続を図ることを経営の原点においており、自然体の下で伸びるものは伸ばすことを目指しています。ノルマとしての事業目標ではなく、共有のビジョンとして、それぞれの仕事に夢を抱いて取り組み、人が育ち、技術が育っていくことを通じて会社の継続発展を図っていけば、自ずから事業目標が達成できるものと信じています」（社内報No.51）

「技術的なブレークスルーは時間を計算して可能になるのではなく、それぞれの担当者の熱意と智慧《ちえ》により突然現れるのです。自然の法則を基に自らをよりどころとして智慧を発揮することにより、道は開かれていきます。智慧は傲慢から生まれることはなく、謙虚に自然の法則に従うことから生まれます。謙虚な態度で地道に汗を流す努力から生まれた数《あま》多《た》の智慧技術の集積が、高度なプロセスエンジニアリングとなり、当社の目指す商品〝どこよりも上手に造られた、どこよりも良い商品〟が造られることになります。このことが会社の存続発展の原動力なのであって、作文による数字を並べても将来ができるわけではありません」（社内報No.51）

「ものつくりも儲けたろうが先行したものつくりではなく、一生懸命努力して、工夫して造ったものが世の人々に役立つ結果として、私たちも生かされる。このことに感謝しながら楽しめるようになっていくことが、当社存続の基盤となることを信じたいと思います」（社内報No.56）

技術開発で世の中に役立つものを造って市場投入すれば、数字は後から付いてくる。まさに製造業の正道を成す考えだが、耳が痛い経営者は少なくないのではないか。

製造プロセスが競争力の源泉

日亜化学工業の強みというと、青色LEDや白色LED、青紫色半導体レーザーを初めとした華々しい発明を思い浮かべる人が多いことだろう。もちろん、それは事実だが、小川英治氏はそうした発明を研究者の努力の結晶と評価しながらも、より重きを置くものがある。それは、製造プロセスだ。「独自の製造装置やプロセスの考え方こそが最も重要なノウハウであり、競争力の源泉だ。従って、公開するつもりも特許を取るつもりも全くない」と同氏は語る。

背景には、「世界で最もうまくものを造れば生き残れる」という考えがある。華々しい発明など、そう簡単には生まれてこない。だが、他社よりも製品の性能を上げつつ、より少ない工数、あるいは省エネで造れるプロセスを実現すれば勝ち残れるという考え方である。

小川英治氏はこう語っている。

「ねばり強く改善、改良を積み重ねることは、当社の伝統です。無数の改善が取り入れられている商品は、真似がされにくいものになります。これによって会社を守っていくのです」（社内報No.58）

従って、日亜化学工業では製造プロセスの改善や改良を根気強く続ける。性能を上げ、コストを下げるために必要な解析装置や検査装置は躊躇《ちゅうちょ》なく購入する一方で、製造装置は原則として自社で開発する。初期投資はかかるものの、先述の通りこれが競争力の源泉なのだから、自分たちで造るのである。そのため、製造装置については構成する全ての部品の詳細を知り尽くしており、管理や運転操作までを含めて最適な条件を割り出すことができる。

こうして構築した製造プロセスは、全てが競争力を支えるノウハウとなる。従って、どこにも公開せずに守り抜く。

「やる気、勇気、根気」を説く

小川英治氏が社内に繰り返し説いている言葉がある。それは「やる気、勇気、根気」の3つだ。これらが日亜化学工業において、社員が業務を遂行する上での「行動原則」となっている。

これらの言葉を何度も社員に伝える理由について、同氏はこう説明する。「やる気がなければ事は始まらず、現状維持になって後れをとる。現状を変えるには勇気が要る。そして、実行するには智慧と工夫が必要となる。失敗を活《い》かす根気がなければ、新たな智慧や工夫は生まれてこない」と。

「やる気、勇気、根気」という言葉にこだわるのは、蛍光体事業における成功体験が礎になっている。日亜化学工業は1966年に蛍光灯に使われるハロリン酸カルシウム蛍光体の製造を開始した。問題は、製造プロセスが複雑だったことだ。6～7種類の原料を混合して焼成する方法で、各原料の生産をはじめとして多くの工程がある複雑な製造プロセスだった。

こうした中、日亜化学工業は「共沈法」という製法に着目した。蛍光体と同じ組織の1種類の原料を造れるシンプルな製造プロセスだった。ところが、実用化が難しく、世界の大手企業も皆、開発から手を引いた。

だが、日亜化学工業だけは諦めなかった。根気よく実験を繰り返して実用化の可能性を見いだし、実証設備の開発を続けた。さらに、工場に量産プラントを建設してからも改良・改善を加え続け、完成の域に達したのは20年ほど経過した時だった。

この粘り強い開発について、小川英治氏はこう評価する。「品質、プロセスの簡明さ、材料効率、エネルギー原単位、人的生産性、どの点から見ても世界一に仕上がっています。ここまでやれば、真似されることはありません。世界でなし得なかったことが、地道な実験を重ねて実現しました。やる気、勇気、根気の成果です」（社内報No.61）と。

単価の低い蛍光体の製造プロセスの開発に「やる気、勇気、根気」で臨んだ結果、日亜化学工業は世界の大手企業を押しのけて世界一の蛍光体メーカーにまで成長した。蛍光体事業を手掛けてから30年ほどの月日が経《た》っていたが、「やる気、勇気、根気」があれば、最後は勝ち抜ける。この成功体験を小川英治氏は今後を担う社員に伝えるために、口を酸っぱくして「やる気、勇気、根気」の大切さを説いているというわけだ。

失敗を責めない

他社の社員から見て、最も羨ましいと感じるであろう日亜化学工業の特徴は「失敗を責めない」というものかもしれない。実際、筆者が取材した日亜化学工業の社員は皆、口をそろえて「失敗しても責められない」「失敗して叱られたことはない」と語った。

これには明確な理由がある。難易度の高い仕事に挑戦させる一方で、社員の「心理的安全」を担保するためだ。

小川英治氏は「易《やす》きにつくよりも難しいことにチャレンジするのが日亜精神」と言う。そして、そのチャレンジの核心を「世界一の商品を創ろう」と表現する。すなわち、世界一のものづくりに安心して挑ませるために、失敗を責めないというわけだ。

この点について小川英治氏は「分からないことにチャレンジして、それがうまくいかなくても責めない。だから、安心して新しいことに取り組める」「技術者を怖がるような立場に置くと、なかなか伸び伸びとやれなくなる」と説明している。

こうした考え方ができるのは、やはり小川英治氏自身が技術者出身という点が大きいだろう。技術者の立場をリアルに想像できるからだ。すなわち、自分が技術者であると想定した上で、「失敗した時に責められるかもしれないという不安を抱きながら新しい発明を生み出したり、新技術の開発に挑戦したりできるだろうか」と、小川英治氏なら自身に問い掛けられる。ここから得られる回答は当然、「世界一の挑戦と心理的安全性の担保はワンセット」ということになるだろう。

研究や開発のテーマを選ぶ自由度の高さも、ここから来ているのではないか。小川英治氏はこう言っている。「技術者というのは、自分のやりたいことをすることによって優れた発明ができるものだ。誰かに命令されて実験などをしたところで、良い発明などできない。私は技術者出身だからよく分かる」と。

研究開発について、小川英治氏は「砂浜からキラリと光る一《ひと》粒の砂金を見つけ出す作業のようなものだ」と表現する。難易度が高く根気が必要なこうした仕事を強制したら、むしろ砂金は他の砂と共に手のひらから落ちていくと見ているのだ。

研究や技術開発、製造プロセスへの資金供給に糸目を付けないのも、そのほうが成功する確率は上がるということを、技術者として働いていた経験から体感しているのだろう。そこをケチれば、むしろマイナス。製造業として「お金の正しい活《い》かし方」を誰よりも分かっているというわけだ。

LEDの開発に携わった社員はこう証言する。「大手企業と比べて、少なくとも日亜化学工業のほうが多くの開発費を使ったのは事実。先行投資も巨額だった。現場がこれだけ必要と言えば、すぐにぽんと出してくれる。あまり細かい計算はしない。こうした時、現場はどうしても控えめな金額を提案する。すると、『それでは少なすぎるだろう』と小川英治氏から叱られ、「もっと使いなさい」と言われることすらあった」と。

以上から、日亜化学工業のこれまでの成長が、小川英治氏の考えに大きく依存していることが分かるはずだ。だからこそ逆に、同社にとって今後の最大の課題が見えてくる。それは、小川英治氏の考えの本質を真に理解し、それをこれからも引き継げるかだ。3代目社長として同社を率いる小川裕義氏の手腕が問われる。

第7章

成長の秘密

――小川裕義社長を直撃――

発光ダイオード（LED）や半導体レーザーで世界をリード。この15年で売り上げを2倍に、青色LEDを生み出してからの30年では30倍にまで高めた日本有数の成長企業。そして、年間予算なし、必要とあれば稟議《りんぎ》書1枚で十億円単位の資金がぽんと出るというユニークな考えを持つ――。ここまで述べてきた通り、これが日亜化学工業という会社の「正体」だ。そんな面白い会社を2015年から率いているのは、創業家出身で3代目社長を務める小川裕義氏である。

　なぜ驚異的な成長を続けられるのか。その秘密を聞くために小川裕義氏を直撃した（2024年9月時点）。

日亜化学工業社長の小川裕義氏

「やるからにはニッチでも世界一を目指す。経営トップのその志に、社員がついていったからこそ会社は成長した」と語る。（撮影：上田 純）

1 「面白いこと」に巨費を投じて売り上げ30倍

――日亜化学工業はここまで驚くほどの成長を続けています。社長の目から見て、日亜化学工業とはどのような会社ですか。

小川裕義氏：「私が日亜化学工業に入社したのは1993年です。1米ドル＝100円を切るほど円高に振れ、一時は蛍光体事業で200億円をうかがうところまで達していた売上高が、150億円程度まで減っていた時期です。青色LEDを発表したのは、ちょうどその年末のことでした。当時青色LEDを開発していた社員は、もう還暦近くに達していますが、当時から一貫して、日亜化学工業は良くも悪くもフラットだと思います。

経営トップとも気さくに話せるし、伝統に縛られる堅苦しさもない。いわば「田舎の技術サークル」のような乗りがあると感じます。私は営業畑出身ですが、営業の人間で

社長インタビューのポイント（その1）

1. オープンでフラットな体質が特徴
2. たとえニッチでも世界一を目指す
3. 面白いことをしていることが日亜らしさ

（出所：筆者）

も（日亜研究所特別主席研究員の）向井孝志博士や（第二部門ＬＤ事業本部主席研究員、日亜研究所主席研究員の）長濱慎一博士といった光半導体業界でカリスマ的な存在である研究者や開発者とも気さくに話ができるのです。

今は社員数が増えてそんな部署ばかりではないかもしれませんが、オープンでフラットな体質というのは、日亜化学工業の大きな特徴だと思います。実際、私もこの会社で30年以上働いていますが、その体質はずっと変わっていません。逆に、和気あいあい過ぎて、少し世間とずれるところもあるのかもしれませんが、そこは良し悪しかなと思っています」

――日亜化学工業には他社と比べてユニークな点が多いと感じます。「年間予算がない」「面白いと思ったら研究にOKが出る」「紙1枚で研究費などがぽんと出る」といった取り組みです。そうした取り組みをしている理由について教えてください。

小川裕義氏：「私は日亜化学工業に入社する前に大企業にいましたが、そこには5年しか在籍していなかったので、何億円もの予算を通した経験はありません。それでも、予算を申請・獲得するのは大変そうだとは感じていました。

日亜化学工業に来たら、すぐに、その辺（予算を通すこと）は楽そうだなと感じました。日亜化学工業では開発のトップと社長などが話をすると、工場長も「やるぞ」となって、すぐに実行に移る。「ここは田舎の技術サークルか？」と思ったほどです。

でも逆に、日亜化学工業はずっとこうしてきたので、社員は皆、ユニークな取り組みとは感じていないと思います。伝統ある大企業とは違ってしっかりとした仕組みはない代わりに、「スピード優先で無駄を省き、やるときはどんどんやる」という考えを創業者（小川信雄氏、小川裕義氏の祖父）も現会長（小川英治氏、小川裕義氏の父）も持っていました。

そのため、日亜化学工業のプロパー(生え抜き)の社員は、これが当たり前と捉えており、ユニークとは感じていないことでしょう。

少し逆説的な答え方になりましたが、自分たちでスピードアップする、スピードアップできるということで今までやってきたので、今後もそのやり方を踏襲していきたいと考えています」

研究者の自由度を高くする理由

――他社の社員に日亜化学工業の話をすると「日亜化学は天国だな」と言われたという話を何度も聞いたことがあります。

小川裕義氏:「研究開発や技術開発の人にとってはそうかもしれません。しかし、一方で我々は品質や納期など順守しなければならない業務も担っているのだから、あまり臨機応変過ぎても困るところがあります。そうした業務は伝統ある大企業を見習って、しっかりとした仕組みの中で取り組んでいかなければなりません。もちろん、以前よりは整備できてきているとは思いますが、やるべき課題はまだまだ残っています」

――新しいものを生み出す研究のところには、特に自由度を高くしているということですね。改めて、なぜ研究者の自由度を十分高くするのか、その理由を教えてください。

小川裕義氏：「新卒で「日亜化学工業で面白いことをやりたい」と思って来てくれるのが一番良いのですが、現実には中途採用の社員も多くいます。そのため、「日亜化学工業に行くと、自分がやりたいことを結構、自由度を持ってできるぞ」と思ってもらえるようにすることによって、やる気のある人材を集めたいというところは結果としてあります。

当社もこれだけの規模になったので、きっちりとものづくりができることが、かなり大切な要素になってきています。しかし、それでも日亜化学工業が大きな顧客や市場に認めてもらうには、「なんか、あそこはいつも面白いことをしているぞ」と感じてもらう必要があると思っています。面白いことをしていないと、「日亜化学工業らしくないぞ」と捉えられてしまうと感じているのです」

売り上げを超える金額を借金して投資

――なぜここまで大きく成長できたのでしょうか。

小川裕義氏：「なぜ会社が大きくなったのかについては、やはり、創業者が創業時に経営方針として掲げた企業理念である「Ever Researching for a Brighter World（より明るい世界のために限りなき研究を）」と、行動原則（スローガン）である「勉強しよう、よく考えてよく働こう、そして世界一の商品を創ろう」が寄与したと考えています。

多くの企業が今、パーパス（存在意義）について議論していますが、この企業理念と行動原則があるおかげで、我々はパーパスについて改めて考える必要がありません。

そこをもう少し掘り下げて考えてみると、確かに普段は和気あいあいとして、のんびりとやっているように見えます。しかし、実は「やるからにはニッチな分野でも世界一を目指そう」と言う志の高い経営トップがいました。だからこそ、皆がついていって会社が大きくなったと私は見ています。

ＬＥＤ事業の売り上げでやっと１００億円が見えてきた時の資料がここにあります。

現会長が社長だった時の役員会の資料で、「着眼高ければすなわち理を見て、岐せず」と記してあります。「視野を広くして大局を見据えれば、自然と物事の本質が見えてくる」という意味です。江戸末期の儒学者である佐藤一斎が著した『言志四録』にあるこの言葉を、現会長は役員会で引用していました。

この言葉に表れている通り、常に高い目標を志を高く持てという創業者の小川信雄が定めた理念や行動原則を体現したのが、現会長の小川英治だと思います。その証拠に、小川英治社長はLED事業の売上高が100億円あるかないかの時に、100億円規模の先行投資を何年も続けました。しかも、これはまだLED事業で利益が出る前のこと。蛍光体事業で主な利益を得ていた時代なのです。

今とは違って自己資金ではなく、銀行から資金を借りて100億円規模の投資を3年ほど続けました。そこで内製（社内で造ること）のMOCVD（有機金属を使う化学気相成長法）装置や、LEDチップの生産技術が固まり、LED分野で先行できました。

先行する中では、確かにいろいろな苦労がありました。LEDの用途は大型ディスプレーから始まり、続いてスキャナーが立ち上がり、その後、白色LEDへと発展していきました。これらの分野で顧客の真のニーズを追究し、最も正解に近い製品を出そうと考えて、開発も技術も製造も営業も一体となって取り組みました。2000年前後のことです。市場が拡大し、最も急激に数字が伸びた時期でした。

当時の小川英治社長のリーダーシップの下で、皆が一体となって頑張り、スタートダッシュが切れた。その結果、光半導体の分野で世界のトップに立つことができ、今なおその地位を守れている。そう考えると、当時の小川英治社長の高い志が現在の礎を築いたと言えると思います」

――LED事業の売り上げが100億円に満たないのに、売り上げを超える100億円規模の借り入れを何度もできたのは不思議です。なぜできたのでしょうか。

小川裕義氏：「当時の経理担当の役員が、創業者の時代から地元の銀行に対して随分信用があったのだと思います。「面白いことをして地域を盛り上げてくれる会社」ということで、会社に信用があったというのもあります。

また、当時の小川英治社長には少し「KY（空気を読めない）」なところというか、ものすごく図太《ずぶと》いところがあって、それも1つの要因ではないかと思います。

これは周りの人に言葉で伝えるのは難しいのですが、（小川英治会長は）こうあるべきだという理想があったら、少々の雑音は気にせずに突っ走ることができます。周りの人から見たら「なんでそんな危ないことをするんだ」と思うようなことも、後になってみると「あれが正解だったな」みたいなことができる。

ところが、それをなぜそうしたのかと本人に聞いても、「それが良かったからだ」とか、そんなことしか言わない。当時の小川英治社長自身は天命みたいなことを感じてやっていたのかもしれませんが、そこは永遠の謎です」

2 「ありたい姿」は新技術開拓の先に1兆円

前社長（現会長）の小川英治氏が光半導体の事業で思い切って先行投資した結果が実り、成長を続けてきた日亜化学工業。では、今後の同社をリードする現社長の小川裕義氏は、次の業績目標としてどれくらいの水準を想定し、将来の姿をどのように描いているのか。また、課題はないのか。引き続き小川裕義氏に直球で聞いてみた。

——今、最も力を入れている事業は何ですか。また、その理由についても教えてください。

小川裕義氏：「LEDや半導体レーザーといった光半導体については全般的に力を入れています。ここで今、面白い分野が2つあります。1つは、加工用半導体レーザーです。半導体レーザーに、光源の置き換えというこれまでの用途に加えて、銅などの金属を加工するという新たな領域のアプリケーションが見えてきているのです。

社長インタビューのポイント（その2）

1 2030年代後半に売上高1兆円を視野に

2 光量子エレの新市場を開拓したい

3 技術系人材の確保が課題

（出所：筆者）

もう1つは、自動車用途に向けたマイクロLEDです。ハイビームの配光を動的に制御する「ADB（アダプティブ・ドライビング・ビーム）」タイプのLEDヘッドライトの光源「μPLS（マイクロピーエルエス）」を実用化しました。独インフィニオンテクノロジーズのLSI（LED駆動用IC）と組み合わせて開発したものです。現在は高級車のみの適用にとどまっていますが、今後の発展が期待できます。自動車分野は自動運転化の進展などとともに、いろいろな機能が拡張する方向に進んでいるからです。

このマイクロLEDについては、自

動車以外の用途も開ける可能性があるのではないかと感じていて、その点も面白いと思っています」

――やはり、新しい分野の開拓に力を入れているということでしょうか。

小川裕義氏：「もちろん、新しい分野を切り開くだけでは事業が成り立たないところがあるため、土台の分野（収益源である既存の事業）は当然、大切です。しかし、企業としての成長を考えると、やはり、新たな分野を切り開いていかなければなりません。

そこで当社は、他のどの会社もまだ本格的に取り組んでない分野に切り込んでいきます。そして、それができるところが日亜化学工業であり、会社として面白みも出せるところだと思います」

――いわゆる「ブルーオーシャン（未開拓市場を目指すビジネス戦略）」の考え方ですね。

小川裕義氏：「そうです。そのほうが成功したときに得られる利益が大きいという面もありますが、それよりも当社としては、これまで使われていない分野であるか否か、他社が着手していない分野であるか否かに注目しています」

業績の数字は結果としてついてくる

――今後の業績目標について教えてください。

小川裕義氏：「業績の数字は、結果としてついてくるものです。主に技術面でいかに新しい取り組みを行うか、あるいはマーケットに対していかにインパクトを与える技術を開発できるかが大切であり、それが会社全体の目標になっている――。これが創業以来の当社の一貫した考え方です。

新しい技術開発の成果を明確に数値化できているわけではありません。それでも、これまでの日亜化学工業を振り返ると、そうした取り組みの結果、売り上げや利益面で成長してきました。この考え方を変えるつもりはありません。

ただし、ざっくりと大きめの旗を掲げることは小川英治会長も行っていたので、それは見習いたいと考えています」

――その掲げる旗の大きさは？

小川裕義氏：「2023年12月期の売上高は5070億円でした。恐らく2030年代の後半になるとは思いますが、5000億円まで来たら、やはり次は1兆円を目指すかということで、その目標を仮置きしています。ただし、ここ2年の売上高には為替とレアメタルの大幅な値上がりという特殊要因があり、いわば〝異常値〟のように伸びた面があります。

当社はリチウムイオン2次電池向けに正極材料も手掛けています。電池の正極材料は主要原料であるレアメタルのコストが7割以上を占めています。この乱高下分を一材料メーカーだけでは負担できなくなり、最近では電池メーカー、さらにその上の自動車メーカーが負うといった具合に、サプライチェーン（供給網）のトップにいる企業が負担する流れに業界全体がなってきています。

こうした中で、我々は自家調達分を最小限に抑えるように動いているのです。その要因とレアメタルの値下がりの要因により、2024年12月期と2025年12月期の売り上げは4000億円前後になる見込みです。

一方で、光半導体の売り上げは3000億円台を回復しました。着実に伸ばしていける分野があるということです。いったんは〝異常値〟として全体の売り上げは

５０００億円に達しましたが、１兆円の挑戦資格を得る５０００億円というラインに実力値として２０３０年までにいかに近づけるか。そして、２０３０年代の後半ごろに１兆円というざっくりとした旗を立てておきたいと考えています」

横浜研究所における新規分野の開拓に期待

――では、売り上げ以外の面で、社長として日亜化学工業の将来の姿をどのように描いていますか。10年後ぐらいのイメージを教えてください。

小川裕義氏：「光半導体の関連分野が10年後も主力の１つであることは変わらないと思います。中でも、面白いと捉えている新規分野、具体的にはマイクロＬＥＤや、照明以外の産業分野における半導体レーザーが社会的に広く普及して使われているというのが「ありたい姿」の１つです。

もう１つは、具体的なアプリケーションの開拓にはまだ至っていませんが、横浜研究所（横浜市）で研究を進めている光量子エレクトロニクスの分野において、１個でも２個でも新たな市場を開拓できればよいと考えています。当初は開拓フェーズ（小さな市場規模）でも構わないので、新しい市場を切り開きたいのです。

一方、祖業である無機化学品の分野では今、30年以上取り組んでいる磁性材料が事業化に向けて苦闘中です。これを1つの事業として確立させたいと考えています。

2次電池の正極材料は技術面以外で少し変わった位置付けの事業になりつつあります。先述の通り、足元ではオペレーションが難しい資源の乱高下で損失処理などに追われていますが、その後は車載分野で一定の地位を築くことを狙っています。

そして、現在の主力は三元系（ニッケル・マンガン・コバルト）リチウムイオン2次電池の材料で、次のそれが全固体電池になるかどうかは分かりませんが、次世代の2次電池においても有望な材料に手が掛かっていればよいなと思っています。逆に、その辺りに手が掛かっていないと、現行のラインアップでソフトランディングを目指さなければならないという事態になりかねません」

――つまり、日亜化学工業は、これまでの成長に対して、さらにジャンプアップを狙う時期に来ているということですか。

小川裕義氏：「大きなジャンプかどうかは分かりませんが、それを狙うポテンシャルのある分野として半導体レーザーや、最先端の様々な人材を集めている光量子エレクトロニクスが当社にはあります。

一方で、長年取り組んでいる磁性材料は自動車関係の顧客が多いという現実がります。これは地道に一歩ずつ、粘り強く、数億円ずつでも上積みしていく分野です。2次電池の正極材料についてはジャンプアップというよりは、今はいかに安定軌道に乗せるかが課題となっています」

マーケティングがより重要になる

――社長として今、最も重視していることや、会社をこう変えていきたいと思っていることなどがあれば教えてください。

小川裕義氏：「青色LEDを開発していた30年以上前の良かったところ、すなわち本当に集中して研究開発に取り組める分野をもう一度、見つけ出したいと思っています。

今、成川(幸男)最高技術責任者(CTO)を中心に、そうした分野を見いだして発展させようとしています。研究開発部門以外にもいろいろなフロンティアや最先端分野に取り組んでいる人が、幸いにも当社にはたくさんいます。

特に生産技術にはユニークな（独自の技術を持つ）人が多いと言えます。例えば、金型や光学部品（を造る人や）、最近では7～8人のチームですが、光半導体を最適に駆動させるためのLSIを開発できるような中途入社の人も集まってきています。そうした人たちが、日亜化学工業だからできる新しい分野だと誇りを持って取り込めるアイテムをどんどん増やしていくというところに最も力を入れていきたいと考えています」

――日亜化学工業だからこそできるという分野を1つでも多く増やしていくということですね。

小川裕義氏：「もちろん、（LEDや半導体レーザーの）チップをさらに明るくすることは重要ですが、インターフェースや光学といった分野まで広がると、高い志を持った顧客と一緒に取り組むことも大切になってきます。

ただし、そうして当社だからこそできる製品が生まれるようになったとしても、気を付けるべき点があります。

日亜化学工業では、技術が良くて、ものが良かったら、営業は要らないのではないかという話が出てきがちです。しかし、我々はトヨタ自動車や米アップルなどとは異なり、最終製品を造って世の中にインパクトを与えるのではなく、とがった（先進的な）技術を彼らに採用してもらうことによって、世の中にインパクトを与える会社です。従って、そういうところに（市場ニーズをつかんで）鼻を利かせていくマーケティングや営業も、これからはより一層重要になってくると思っています」

――研究開発はもちろん最も重要ですが、それだけではなく、さらに輪を広げていくという感じでしょうか。

小川裕義氏：「『営業開発』という言葉がよいかどうかは分かりませんが、新規マーケティングなど最先端の試みを一緒にやっていこうといった産業関係だったり、ＢｔｏＣ（消費者向け）の製品だったり、日亜化学工業から見て、尊敬できるような会社や技術者を見つけるというのが重要です。研究者のネットワークで見つかることもありますが、やはり、マーケティングはより一層重要になると思います」

――どんな会社にも課題はあります。社長として今、何を課題と捉えており、それをどのように乗り越えようと考えていますか。

小川裕義氏：「徳島県を生産の拠点としていくことは当面継続していきますが、人口が70万人を切り、特に若年層が減っているため、研究や開発を担う技術系人材の確保というのが最も大きな課題です。一方、生き生きと働いている現場の人材のプールもどんどん減っており、これも自力だけでは乗り越えられないところがあります。

また、女性社員の割合が十数％で管理職の割合も低いという課題があります。現状ではアシスタントや分析といった業務に就いていることが多いのですが、やる気のある女性にどんどん管理職を目指してもらうような環境を整えることも、オペレーションにおける重要な課題です。

さらに、2次電池の正極材料を安定軌道に乗せることが重要です。リチウムイオン2次電池の正極材料は、規模でも部分的には技術でも中国企業にかなわなくなりつつあります。一方で、次世代車（である電動車）の基幹部品や素材を中国企業だけに頼っていていよいのかというのが先進国全体の課題になっています。

正極材料を造っているのは日本では日亜化学工業と住友金属鉱山の2社だけです。品質や使いやすさでは高い評価を受けていますが、経済安全保障の面でも貢献できる事業にしなければなりません。当社の中でも、もはやニッチな材料とは言えない主力材料の

1つなので、需要に応じて増産投資できる安定軌道に乗せたいと考えています。

この正極材料の事業は、世間の潮流に遅れないようにきちんとしたものを造り続ける事業です。どちらかといえば、大手化学会社が取り組むような事業が当社のアイテムの1つとして入ってきました。それに対し、顧客に安心してもらえるようなサプライヤーとして存続できるように、体質を変えたり、私も含めてマインドセットを変えたりする必要があると思っています。

従来の日亜化学工業のやり方とは違うマインドセットや取り込み方をしないと、正極材料事業の着実な成長・存続が難しくなるかもしれないという意味で危機感を持っています」

小川裕義（おがわ・ひろよし）

日亜化学工業代表取締役社長 最高経営責任者（CEO）、台湾日亜化学董事
創業家出身の3代目社長。1988年3月に東京大学経済学部を卒業し、同年4月三菱電機に入社。1993年4月に日亜化学工業に入社。1999年3月に東京第二営業部長、2003年2月に第二部門事業企画室長、2004年3月に取締役第二部門事業企画部長、同年4月に事業企画本部長を経て、2006年4月常務取締役第二部門副部門長に就任。2008年5月に第二部門LED事業推進室管掌、総合部門海外事業本部副本部長、台湾日亜化学董事（現任）に就任。2009年4月に第二部門部門長、2010年7月に代表取締役専務、2012年3月に代表取締役副社長 Nichia America Corporation 社長、同年7月に日亜化学工業総合部門副部門長を経て、2015年3月に代表取締役社長に就任して現在に至る。

第8章

生産力と品質力の秘密

日亜化学工業は、手掛けている製品の生産面や品質面でも顧客から高い評価を得ている。その証拠に、発光ダイオード（LED）や半導体レーザーでは「日亜プレミアム」が存在する。すなわち、競合他社の製品よりも価格が高くても日亜化学工業の製品は売れるのだ。この日亜プレミアムの源は、生産面と品質面での実力の高さである。

これまで多くの日本企業が生産力と品質力を引き上げようと努めてきた。確かに、ある時期まではその効果が得られていたが、最近は新興国の企業との差が相対的に縮まり、低価格競争に陥ってしまっている日本企業は少なくない。

日亜プレミアムを生み出し、それを維持できるのはなぜか。同社で生産と品質の両部門を統括する生産プロセス・品質部門部門長の山田孝夫氏に取材した。山田氏は生産部門に移る前には青色LEDや半導体レーザーの研究開発を行っており、幅広い視点を持っている人物だ。同氏を直撃することで、日亜化学工業の生産力と品質力の秘密を探った。

生産設備の内製率は50％以上

日亜化学工業の生産力の高さは、特にエレクトロニクス業界ではよく知られている。では、生産面に関して目を引く思想（基本的な考え）があるのかと言えば、意外にそうではない。生産面で大切にしている思想は何かと聞くと、「注文があれば、それにきっちりと応えること」（山田氏）と、とてもシンプルな答えが返ってきた。ただ、その徹底度合いが違うというべきだろう。

同社では、約束した性能や品質通りの製品を顧客に納めることを優先順位の第一に置く。例えば、多くの企業が部品や材料の調達に苦しんだ2021～2022年の新型コロナウイルス禍でも、ほぼ約束通りに製品を供給した。世界中の企業が部品や材料がショートする事態に見舞われたが、日亜化学工業はそれを回避している。

いろいろなルートを通じて原材料の確保に努めたのは当然だが、もっと効果が大きかったのは、「自分たちにとって肝心要のものについては、できる限り自分たちで造るという思想」（同氏）だ。外部から調達するものは、社会の変化や情勢によって手に入りにくくなる可能性がある。これに対し、重要な部分を自社で造っていれば、そうしたリスクを緩和できる。

そこで、鍵を握る原材料や生産設備については、できる限り内製（自社で造ること）することを心掛けながら、同社はコツコツと取り組んできた。その努力が新型コロナ禍でも実ったというわけだ。

確かに、かねて日亜化学工業は生産設備の内製にこだわってきた。現在の内製率は、全社的に見ると50％以上で、生産工程によっては8割に達しているものもあるという。

日亜化学工業が生産設備の内製にこだわるのには、2つの理由がある。1つは、自分たちにとって使いやすいようにカスタマイズなどが簡単にできるから。もう1つは、製造ノウハウを秘匿できるからだ。

「製品は生産設備が造る」というのが日亜化学工業の考えだ。人は生産設備

日亜化学工業生産プロセス・品質部門部門長の山田孝夫氏

「品質とは『安心』」、「失敗は教材」と語る。山田氏の明快な説明から、これらが生産面および品質面でも日亜化学工業の製品に優位性を生み出していることが分かる。（撮影：上田 純）

を動かすが、製品を造り出すのは生産設備。従って、良い製品を生み出せるかどうかは、生産設備次第と捉えている。そして、この生産設備には製造ノウハウが詰まっている。そのため、社外に対して秘匿にして、良品率や性能、品質といった点で他社に対して優位性を高めたり、差異化を進めたりしていく。だからこそ、日亜化学工業は生産設備を自前で造ることにこだわるのである。

自前で生産設備を造る理由

だが、日亜化学工業は生産設備メーカーではない。にもかかわらずなぜ、それほど多くの生産設備を自前で造れるのだろうか。

実は、これにはステップを刻んで取り組んできた。最初は簡単な生産設備から手掛けて、コツコツと造り続けたというのだ。これをLED事業以前の主力事業であった蛍光体事業を含めると、70年近くも続けてきた。最初から「自分たちでできるものは自分たちで造る」という思想を持っていたのだ。そのため、造るものが蛍光体からLEDに変わっても、生産設備をなんとか内製しようと動いてきたのである。

とはいえ、蛍光体とLEDの生産ラインを比べると別物と言ってよいほど違っている。異なる領域の生産設備の内製化にうまく対応できるものなのだろうか。

その点は「問題ない」と山田氏は言う。日亜化学工業には蛍光体など化学品分野と光半導体分野の両方にエキスパートがおり、それぞれに応じた方法で生産設備の内製化に取り組んでいる。

生産設備の内製を担う生産技術部門はかなり力を付けているようだ。「装置メーカーと同等の実力」と山田氏は胸を張る。例えば、結晶成長装置であるMOCVD（有機金属を使う化学的気相成長法）装置は、性能面でも品質の面でも窒化ガリウム（GaN）系分野では世界一であることは業界でもよく知られている。

いわば日亜化学工業では、会社の中にMOCVDメーカーが入っているというイメージが近いと思う。他にも洗浄機やアセンブリー装置、検査装置などを同社は内製している。山田氏は「職人が道具を自ら作るというのと同じような発想。世の中にないものは自分たちで造る。こうした発想を創業者（の小川信雄氏）の頃から持ってきた。今では大体のものは造れるようになっている」と言う。

分析にも力を入れる狙い

外部にはあまり知られていないが、日亜化学工業は生産設備の内製だけではなく、分析にも力を入れている。分析室（品質評価技術センターの分析チーム）を持っており、その実力は「外部の分析企業並み」（山田氏）だという。中には日本では日亜化学工業にしかないとか、数台程度しかないとかいった分析装置もそろえているほどだ。

同社が分析に力を入れるのには、2つの狙いがある。1つは、研究開発を促進させるためだ。研究開発では、自分たちが試作したものがどのような状態になっているかを正確に把握することが重要となる。そのフィードバックが次の開発プランを方向付けるからだ。従って、試作したものをより正確に把握するために分析に力を入れているのだ。

もう1つは、製品の品質を確保するためである。品質の良いものとそうではないものがあるときに、分析によって、どのようなところに差があるのかを追究する。良いものはどのようになっているのか、機能喪失はどのような状態になっているのか。それらを正確に把握すれば、不良品を減らし、良品をより提供しやすくなる。

分析によって良品と不良品の差を把握していれば、万が一、不具合があった場合でも、顧客に正確な情報を伝えられるし、品質改善の手も確実に打つことができる。逆に、分析の能力が低いと良い改善の手が打てない。このように、分析は競争優位の下支えになると捉えているため、日亜化学工業は力を入れているのである。

その証拠に、分析装置を購入する際の承認も、他社に比べてとても速い。分析装置を購入する際のプロセスはこうだ。まず、分析エンジニアが必要な検査装置を見つけると、デモンストレーションで有効性を確認する。そして、これまでにない分析ができると分かれば、その報告が職制を通じて上がっていき、部門長のところに届く。すると、部門長はそれを月に1回開かれる技術報告会で経営者（社長と会長）に説明し、「申請を回しますのでお願いします」と言えば、それで購入が認められる。この報告会以外にも、時間をもらって社長と会長を訪問して説明する場合もあり、その場合も同様に申請が通るという。

山田氏は「時間がかかるという印象はない。欲しい分析装置は早めに購入に動き、了承してもらえる。現場でしっかりと議論して有効性を確認し、やはり必要だとなったら、それをきちんと経営者に説明する。すると、経営者から『分かった』と言われる」と証言する。

価格についても、経営者から問われることはない。山田氏も「高い」などと言われた記憶は1度もないという。申請の際に心掛けるべきは、分析装置の使い方と役立て方をきちんと経営者に説明することだ。

研究開発のテーマや生産設備だけではなく、分析装置についても日亜化学工業は社員に対してかなり自由度の高い環境を整えているのが分かる。逆に、緩すぎて業績に負の影響を及ぼす恐れはないのかと心配になるほどだ。

その点について、同社は最低限のリスク管理も働かせている。最初は小さな規模、いわゆるスモールスタートを切るようにしているのだ。「経営に影響するような内容であれば、さすがに慎重に判断される」（山田氏）。小規模でスタートして良い結果が出て、事業につながりそうだと思えばより大きな投資を行っていく。他社と比べると、日亜化学工業はこのスモールスタートがかなり切りやすい会社というわけだ。

品質力は「安心」から生み出す

続いて、品質力の秘密を探っていこう。まず、製品の品質について、日亜化学工業はどのような基本的な考えを持っているのだろうか。

この質問に、山田氏は「品質とは『安心』である」と即答する。例えばLEDにしても、製品に安心を乗せて顧客に販売しているというのだ。その安心をどのように乗せるかというと、LEDは1個や2個ではなく、まとめて、しかも何年も継続して販売する。こうして大量に販売するものの中に、1個でも不良品が入らないようにしなければならない。これが日亜化学工業の言う「安心」だ。

もちろん、その実現は難しいが、その方法を編み出す。開発側が技術を生み出す一方で、品質保証側がその方法（技術）が妥当かどうかを確認する。要は、ものを造る側が「これできちんとした良品を顧客に届けられる」と宣言し、品質保証は「確かに、その方法なら良品を届けられる」と確認するという二重保証の形を作るのだ。これで日亜化学工業としての品質を確保し、「全ての製品を良品として顧客に届けて、安心して使ってもらえるように心掛けている」（山田氏）という。

他社と比べて日亜化学工業のＬＥＤが品質面で高い評価を受けている理由は、この二重保証以外にもある。対応力だ。同社では、顧客に届ける製品に不良品が入っていないというのを基本に、もし何かあったときには、素早く状況を確認し、できる限り早く対応して顧客に迷惑が掛からないように努めている。

例えば、最も厳しい対応が求められる自動車関係の製品。基本的には「ゼロディフェクト（不良ゼロ）」、すなわち納品するものに不良品は入っていないというのを前提とする。だが、もしも何らかのトラブルがあれば、基本的には24時間以内に回答するという、時間制限付きの対応の仕組みが構築されている。日亜化学工業はこの要求にもきちんと対応できる体制を整えている。

加えて、改善もしっかりと行う。できる限り早く製品を回収し、原因を突き止めて再発を防ぎながら、良品だけを顧客に届けるようにするのだ。こうした取り組みが「他社よりもうまくできているのだろう」（山田氏）。

では、なぜ他社よりもうまくできるのか。この点を聞くと、山田氏は「まずは『意識』の持ち方だと思う」と回答する。どういうことかと言えば、日亜化学工業は製品の品質を、事業を成立させるための「生命線」だと捉えているという。基本的に良品しか届けないように良品率の向上に努める一方で、万が一のことが生じた場合でも素早く対応するというのが、日亜化学工業の生命線と考えているというわけだ。なぜなら、「それがなければ、顧客はわざわざ日亜化学工業の製品を購入する意味がないから」(山田氏)である。

そのため、日亜化学工業には「交換すればよい」とか「代納して許してもらおう」とかいった考えはない。不具合があればその原因を究明し、再発しないように仕事の仕方を改良していく。そして、その不具合は2度と出さないという覚悟で臨み、顧客に掛けた迷惑は必ず挽回して、最後はむしろ「頑張った」と認められるようにしようと努めているというのだ。

こうした取り組みは製品からは見えない。これまで良品しか受け取っていない顧客にも分からない。だが、「我々が品質レベルにこだわっており、品質サポートを厚くしていることを知った顧客からは評価されたり、他のＬＥＤメーカーから戻ってきてくれたりしている」と山田氏は語る。

なぜ付加価値を生み出し続けられるのか

日亜化学工業の特異な点は、こうした生産力や品質力が製品の付加価値に結び付いていることだ。つまり、日亜プレミアムを乗せた価格で製品が売れていくのである。さらに注目すべきは、そうした付加価値の高い製品を次々と生み出している点だ。その秘密はどこにあるのか。

そのベースには、やはり風土であり環境があるようだ。山田氏はこう説明する。「(日亜化学工業には) 理由さえきちんと説明できれば取り組ませてくれる風土や環境がある。そうした風土や環境があるからこそ、社員が『自分はこれがやりたい』と言うことができる。こうして、研究開発の切り口としていろいろなことに取り組める点が、付加価値の高い製品を生み出せる理由として大きいと思う」と。

中途採用の社員が、前の会社でできなかったことに日亜化学工業で取り組んでいるケースもある。そうした人たちからは、「えっ、本当にやってもいいんですか?」「そんなに急に?」といった声が上がることがあるという。提案の承認のされやすさやスピードの速さに驚くのだ。

もちろん、「無条件に承認されるわけではない。しかし、会社の事業につながる可能性があることをきちんと説明できれば、尊重されて認めてもらえる」（山田氏）。

このように、自分のアイデアが採用されやすい風土が付加価値の向上に寄与しているのだろう。しかも、これは研究開発に限らない。例えば、工場でも改善について提案書を出せる仕組みがあり、内容を評価して社内で表彰する制度も設けているという。

もう1つ、日亜化学工業が付加価値の高い製品を次々と生み出している理由に、研究開発と製造の両部門の良好な連携がある。「研究開発と製造の仲が良い」（山田氏）というのだ。研究開発から製造、あるいはその逆の異動が結構あるからだ。

日亜化学工業では製造側が新しいものを取り込みにいく。研究開発側に対して「完成したら、持ってきて」と言うのではなく、「ある程度めどがついたら、こっちで一緒にやろう」というイメージだ。完成度が低くても迎えにいく。逆に、製造側が受け入れた後でも、何かが起これば研究開発側が手を貸す。そうした助け合いの雰囲気が同社にはあるのだという。

世間では研究開発部門と製造部門の間に壁があり、責任範囲が明確に決まっていて、摩擦が生じるという話をよく聞く。だが、「日亜化学工業にはそうした摩擦はない。両部門にあるこの信頼感は大きいのではないか」（山田氏）。

加えて、技術とビジネスを切り分けない社員が多い点も、付加価値の高い製品を次々と生み出せる基盤になっていると山田氏は言う。その基盤を生んだのは、小川英治会長の「職商人《しょくあきんど》」という言葉だ。

明確な定義はないものの、「確かな技術により、事業を発展させていく」という意味のようだ。要は、造るだけでは駄目、売るだけでも駄目。両方をバランスよく兼ね備えた人材を目指そうというメッセージである。

日亜化学工業では技術者であっても事業や経営のことを考えておかなければならないし、営業の社員であっても技術を知らなければならない。いわゆる「二刀流」の人材を目指すのだ。

「結局のところ、我々の仕事は自己満足では終われない。世の中に貢献する製品を提供し、その対価を受け取るというのがベースになっている。それを基に会長が職商人という言葉を編み出し、私たちに伝えているのだと思う」と山田氏は説明する。

「失敗は教材」

付加価値の高い製品を生み出せと口で言うのは簡単だ。実際には高いハードルを越えなければならないため、失敗はつきものである。おまけに、困ったことに、失敗に寛容ではない日本企業は少なくない。失敗についてどのように捉えているのかについては、やはり気になる。

この問いに対する山田氏の答えはずばり、「失敗は教材」と明快だ。失敗とは過去のこと。発生してしまった内容を変えることはできない。だが、「認識は変えられる。失敗してそれをどうのこうの言うよりも、それを教材と見られるかどうかが大切。そこで何を学んだかで、その後の仕事が変わると思っている」（山田氏）。

失敗を責めると人は隠したがる。すると、せっかくの教材を隠すことになり、勉強することができない。失敗しようが成功しようが、何かを実施したのは事実だ。だから、そこから何かを学んで次に生かすというのが、日亜化学工業流なのだ。

失敗を責めると、成功する未来も消えてしまう。明るい未来を消さないためにも、失敗に対しては心理的な安全性の担保が重要となる。

日亜化学工業では、経営者に「思うようにいきませんでした」と言っても、あまり責められることがないという。ただし、山田氏には心掛けていることがある。「失敗から何を自分たちが学び、次にどうしたいのかを説明する責任はあると思っている。それが伴っているからこそ、経営者から失敗を責められないのだろう」と。

失敗とは教材。だからこそ、日亜化学工業の社員はそこから勉強しなければならない。同社の「行動指針」に最初に書かれているスローガンは「勉強しよう」だ。つまり、日亜化学工業では仕事は勉強することから始まるのである。

では、どのように勉強したらよいのか。山田氏は「まずは自分の失敗から勉強しないといけないと思っている。良いことばかり真似《まね》しても、なかなかうまくいかない。賢い人は他人の失敗からも学べるのだろうが、それは難しい。でも、少なくとも自分が経験した失敗からは必ず何かを学べるはずだ」と語る。

そして、日亜化学工業のスローガンは2番目に「よく考えてよく働こう」、3番目に

「そして世界一の商品を創ろう」と続く。ということは、世界一の製品、すなわち付加価値の高い製品を生み出すことにつなげるために、同社では失敗を教材として勉強するというわけだ。

従って、「もしも勉強しなければ、それに対して経営者から叱られると思う。うまくいかないのは自分に問題があるケースが意外に多い。だからこそ、最低限、失敗からは学ばなければならない」（山田氏）。

なぜ日本企業の競争力が落ちているのか

日亜化学工業とは対照的に、日本では競争力を失いつつあるメーカーが目立ってきた。この差はなぜ生じたのだろうか。最後にこの点について山田氏に質問をぶつけてみた。すると、同氏からは「イノベーションや技術はコピーされる運命にあると思っている。従って、コピーされたときにどうするかを考えなければならない」という言葉が返ってきた。

例えば、ＬＥＤは他のメーカーからも買える。それでも日亜化学工業の製品を選ぶ顧客は、ＬＥＤに乗っている付加価値、すなわち「目に見えない何か」（山田氏）を評価している。

これに対し、例えば日本メーカーのテレビは、性能的には既にコピーされてしまっている。「目に見える技術は真似されるからだ。そこで目に見えない何かを乗せていないと、日本メーカーのテレビが顧客から選ばれることはない。多くの顧客はより安価なものを購入するからだ」（山田氏）。

技術力だけでの差異化はなかなか難しい。ある一定の期間、優位性を保てたとしても、最終的にそこまでの機能を顧客が要求しないようになると、価格だけの勝負になってくる。従って、真似されない何かを追求することが大切だと山田氏は指摘する。それが、日亜化学工業のＬＥＤの場合は「安心」だ。これを品質面でも供給面でも乗せている。品質の安心とは、長い間購入し続けても製品に不良品が入っていないこと。一方で供給の安心とは、日亜化学工業に注文すればきちんと納品されることだ。こうした価値を認める顧客が、日亜化学工業の製品を選んでいるのである。

従って、「目に見えないから真似されない。でも、顧客には感じ取れる。さらに、それを実現する方法も目に見えない。これがものづくりにおいて大切な要素ではないか。それが風土や文化、こだわりといったものになれば、競合企業には分からないから、真似しようがない。例えばテレビでもこうしたものがあれば、事業としては成立するのではないか」と山田氏は言う。

山田孝夫（やまだ・たかお）

日亜化学工業 取締役 第二部門副部門長、生産プロセス・品質部門部門長

1992年3月に山口大学工学部を卒業し、同年4月に日亜化学工業に入社。GaN系青色LED研究開発チームに配属される。1994年レーザーダイオード研究開発チームへ転属。2002年レーザーダイオード品質管理課へ転属し、第二部門品質管理部第二課課長代理に就任。2003年に青色LEDチップの技術開発へ転属し、第二部門技術本部第一技術部第一課課長に就任。2008年第二部門LED技術本部第一技術部部長代理就任。2011年3月第二部門LED開発本部第一技術部部長就任。2012年1月事業企画部へ転属。第二部門LED事業企画本部LED事業企画部部長就任。2013年LED生産本部へ転属。第二部門生産本部第二製造部主幹技師を経て、2016年9月第二部門第一生産本部副本部長に就任。2018年12月第二部門第一生産本部本部長就任。2022年1月第二部門副部門長（現兼務）。2023年1月生産プロセス・品質部門部門長に就任（現任）。2023年3月取締役に就任し、現在に至る。

第9章

「最強」の知財部門

日亜化学工業の強みといえば、開発部門の存在が真っ先に挙げられる。光とエネルギーの分野において、革新的・独創的なものづくりによって世界一の製品を生み出せる力を持っているからだ。発光ダイオード（LED）や半導体レーザーといった光半導体の研究開発力では、間違いなく世界の先頭を走っている。

だが、こうした最強の開発部門に加えて、もう1つの強みを同社が備えていることは、あまり知られていない。それは、開発部門を力強くバックアップする知的財産部門の存在である。日亜化学工業は、LEDメーカーで「最強」と言っても過言ではない知的財産部門を持っており、開発部門と知的財産部門が文字通りシナジー（相乗効果）を発揮して同社を成長させるエンジンとなっている。

なぜ、日亜化学工業の知的財産部門は最強と言えるのか。その強さの根源には、技術を重視し、その権利を守る知的財産権（特許権）を大切にしながら事業を進めていくという同社の経営姿勢がある。

そして、その経営姿勢を日亜化学工業に根付かせたのは、現在会長を務める小川英治氏だ。同氏がこのように考えるようになった背景には、世界の厳しいビジネスの現場に身を置くことで思い知った過去の経験が大きい。

初期から知的財産権への高い意識

エレクトロニクス業界では、特許権をライセンスして稼ぐ方法がよく採られる。だが、それに頼りすぎ、本業がおろそかになる企業もある。そうした企業では、特許が切れる（特許権の有効期間が終了する）と同時に経営が傾いてしまう。実際にそうなった企業を小川英治氏はたくさん見てきた。こうした経験から、あくまでも企業活動の「主体は技術開発であり、知的財産は公正な市場競争を確保するためのものである」という基本的な考えを持つようになった。

ただし、決して知的財産を軽視するわけではない。むしろその逆で、日亜化学工業は初期の頃から知的財産を重視する姿勢をとってきた。その好例が、創業13年目の１９６８年に米ゼネラル・エレクトリック（ＧＥ）との間で結んだ蛍光体製造特許の実施契約である。

ＧＥは蛍光灯用ハロリン酸カルシウム蛍光体の基本特許を持っていた。これに対し、当時の日本にはその基本特許を使った改良特許が数多く存在する状態だった。ＧＥの許諾を得なければ、知的財産権の侵害行為となる恐れがあった。

日亜化学工業はこうした日本の状況を問題視した。同社は当時、蛍光体メーカーになることを目指していたからだ。蛍光体メーカーとして世界で競争するようになった際には、特許権の侵害の有無が問題になりかねない。それを避けるには、GEの権利を尊重し、同社と実施権に関して交渉する必要があると考えた。

この交渉に臨んだのが、日亜化学工業の創業者である小川信雄氏だ。GE側に同氏はこう言った。「当社は零細企業なので、GEがライセンスを出したところで大した利益にならないことは承知している。しかし、日本では今日、平気でGEの特許権を侵害している。こんな状態では、日本の電機業界としての世界的な発展は全く望めないのではないか。私の会社はいかに弱小企業であろうときちんと法律は守り、国際的信用を重んじていきたい。この零細企業にライセンスを出さないとしたら、それは現在横行している業界の不法行為を容認することになり、結果的に法秩序を活動の基盤としている大企業自身が困るようになるのではないか」（「社史 日亜」（1982年、創業25周年））と。

自社の知的財産権はもちろん大切に守る。ただし、それは同時に他社の知的財産権を尊

「知的財産権についてのNICHIAの考え方」

1. 知的財産権は商品ではない

・知的財産権は事業活動に利用されてはじめて価値を持つものである。
・知的財産権単体での収支は重要ではなく、それだけを取引の対象にはしない。
・生み出した新しい技術を用いて他社との差別化を図り、不正な模倣を防止する手段として知的財産権制度を活用する。

2. 優れた知的財産権だけでは生き残れない

・メーカーは顧客に選んでもらえる製品を生み出さなくては生き残れない。
・競争力ある製品を生み出すことが研究開発の目的であり、知的財産権を生み出すことが目的ではない。

3.「技術力」と「知的財産権」は必ずしも一致しない

・製品の市場競争力の根源は「技術力」。
・「知的財産権」は法制度上の産物であり、「技術力」と知的財産権の価値は必ずしも一致しない。
・「技術力」の根源は、権利化（公開）されない現場での数多くの創意工夫で成り立っている。
・知的財産権は、技術力を測るひとつの物差しにすぎない。

4. 技術力が当社の市場競争力の根幹であり、研究開発成果を保護し、公正な市場競争を確保するために、知的財産権を活用する

・事業の継続と拡大のためには、権利化（公開）されない技術も重要である。
・不当な侵害行為に対しては、断固とした対処を行う。
・補完しあえる技術を持つ相手とは、クロスライセンス等も積極的に行う。

(出所：日亜化学工業)

重することでもあるという公平な姿勢を日亜化学工業はとっている。

事業の主体である技術開発に力を入れ、それを知的財産権で強力にバックアップするというこうした考えは、その後、はっきりと明文化された。

知的財産に関する「憲法」

それが、2022年にできた「知的財産権についてのNICHIAの考え方」だ。知的財産に関する明確な4つの考えから成るもので、小川英治氏が同社を経営する中で大切にしてきた考えに基づいている。日亜化学工業にとって、知的財産に関する「4カ条の憲法」と表現してもよいだろう。次の通りだ。

［1］知的財産権は商品ではない
［2］優れた知的財産権だけでは生き残れない
［3］「技術力」と「知的財産権」は必ずしも一致しない
［4］技術力が当社の市場競争力の根幹であり、研究開発成果を保護し、公正な市場競争

を確保するために、知的財産権を活用する

まず、［1］は、日亜化学工業はあくまでも製造業であり、良いものを造って稼ぐという本業の大切さを説いたものだ。知的財産権を他社にライセンスすることはあるが、決してそれを主眼にはしないということである。

これについて同社はこう説明を加えている。

・知的財産権は事業活動に利用されてはじめて価値を持つものである。
・知的財産権単体での収支は重要ではなく、それだけを取引の対象にはしない。
・生み出した新しい技術を用いて他社との差別化を図り、不正な模倣を防止する手段として知的財産権制度を活用する。

続いて、［2］は先の通り、特許権のライセンス収入に依存しすぎた結果、特許が切れて消滅した企業を反面教師にした考えである。製造業の本業はものづくりであり、そのために技術開発に邁進《まいしん》せよ。知的財産権を取得するために技術開発を行うという考えは本末転倒であると社内に説いたものだ。

その内容について、同社はこう詳述している。

・メーカーは顧客に選んでもらえる製品を生み出さなくては生き残れない。

・競争力ある製品を生み出すことが研究開発の目的であり、知的財産権を生み出すことが目的ではない。

次に、［3］は製造業にとっての真の競争力について示したものだ。世間の多くは特許権を代表とする明文化した知的財産権が、製造業の競争力を表していると思い込んでいる。だが、実際には知的財産権として明確に確立されていない、創意工夫や暗黙知、ノウハウ、技能といった現場の知恵がたくさんあり、知的財産権を含めた全社の知恵の集合体によって真の競争力は構築されている。こうした製造業の「真実」を伝えるものが、この［3］である。

これについて同社はこう説明している。

・製品の市場競争力の根源は「技術力」。

・「知的財産権」は法制度上の産物であり、「技術力」と知的財産権の価値は必ずしも一致しない。

・「技術力」の根幹は、権利化（公開）されない現場での数多くの創意工夫で成り立っている。
・知的財産権は、技術力を測る1つの物差しにすぎない。

そして、［4］は知的財産権の活用に関する基本的な姿勢を示したものだ。他の考えと多少重複するところもあるが、自社の製品や技術の権利を守り、場合によっては訴訟をも辞さない。一方で、自社だけで全ての技術開発を行うことは不可能という現実もある。そのため、両社が共に利益を得られるなら、戦略的に特許権の相互利用を認めるクロスライセンスという形をとることもあるという考えである。

これについて同社はこう補足している。

・事業の継続と拡大のためには、権利化（公開）されない技術も重要である。
・不当な侵害行為に対しては、断固とした対処を行う。
・補完し合える技術を持つ相手とは、クロスライセンスなども積極的に行う。

豊田合成との熾烈な特許訴訟

知的財産権を守り抜き、不当な侵害行為に対しては断固として対処するという日亜化学工業の考えが文字通り実行されたのが、競合企業である豊田合成との特許係争だ。両社は、青色LEDをはじめとする窒化物半導体の技術に関する一連の特許権について、1996年からおよそ6年にわたって激しい訴訟を繰り広げた。

日亜化学工業が青色LEDの量産を開始したのは1993年で、豊田合成は1995年だ。日亜化学工業には2年先行したアドバンテージがあったものの、豊田合成の市場参入を脅威に感じていたという。豊田合成は日亜化学工業よりも企業規模が大きい上に、世界的な自動車メーカーであるトヨタ自動車のグループ企業でもあることから、資金力に圧倒的な差があった。加えて、青色LEDの先駆的研究者である、名古屋大学や名城大学で教授を務めていた赤﨑勇氏と豊田合成が共同開発を行っていたからだ。

それでも、日亜化学工業は「自社の権利を主張すべきは主張する」という姿勢を貫き、豊田合成に対して特許権の侵害訴訟に打って出た。対する豊田合成も反訴するなどして両社は激しく争った。

最終的には、互いに補完し合える相手としてクロスライセンスを締結するという形で和解したが、この一連の訴訟が、日亜化学工業の知的財産部門の手ごわさを業界に広く知らしめることとなった。

技術者と一緒に知的財産権を創り出す

このように、知的財産権の侵害の疑いがあれば訴訟も辞さないという構えを見せる日亜化学工業だが、勝訴することだけが知的財産部門の強さではないと考えている。むしろ、それ以上に重視しているのが、知的財産権をうまく使ってビジネスとして利益をうまく刈り取っていくことだ。

たとえ訴訟で勝ったとしても、そもそも特許はいずれ切れる。一方で、事業も同じことを繰り返しているだけでは不十分で、どんどん新しいものに変えていく必要がある。従って、事業の状況に応じて知的財産権の使い方も変えていかなければならないという考えが、日亜化学工業の知的財産部門にはあるのだ。

そこで日亜化学工業の知的財産部門は、ビジネス面で有利な知的財産権（特許権）を獲得するために、発明を担う技術者と一緒になって特許権を創り出すことを大切にしている。例えば、有望な技術分野に担当者を置き、技術者と密にコミュニケーションを取って、技術者の考えに耳を傾けて発明に対するモチベーションを促す。

その一方で、ビジネスを担う事業部や営業部門の考えも把握する。こうして特許の内容や権利範囲などについて技術者にアドバイスや提案を行う。「こうしたら防御壁ができる」「もっと権利範囲を広げるために、もう少しこうした実験をしてほしい」といった具合だ。

こうした技術者との緊密な連携により、開発した技術を強い特許権に仕立て上げていく。これが日亜化学工業の知的財産部門が最も重視し、かつ得意とする業務なのである。

第10章

「技術者天国」が生んだ青色ＬＥＤ

1 青色LEDの開発現場

資金的にも業務的にも自由度の高い環境下で、開発チームの全員が知恵を絞り、努力を重ねて画期的な製品を生み出す──。日亜化学工業のこの「開発経営」の仕組みがうまく機能して開発されたのが、青色発光ダイオード（LED）である。

では、日亜化学工業において、青色LEDはどのように生み出されたのか。同社には「研究記録」が残っている。月報や週報、装置の使用記録などだ。[*1] これらの研究記録に基づくとともに、筆者が2004年に開発チームのメンバーへ取材した情報に基づき、開発の経緯を再現しよう。

＊1　これは先使用権を確保するため。先使用権とは、発明を特許出願前に既に実施していた者が、後から特許権が成立した場合でも、その発明を継続して実施できる権利のこと。日亜化学工業は知的財産権の保護や他社から特許侵害を訴えられるリスクに備えて、公証制度を利用していた。

まず、時計の針を１９８９年に巻き戻す。この年から日亜化学工業は青色ＬＥＤの開発に着手した。当時、日亜化学工業の社長を務めていた小川英治氏によれば、実は当初、青色ＬＥＤの開発が成功するとは思っていなかったという。蛍光体事業に次ぐ新たな事業のヒントが得られればよいと思いながら開発をスタートさせたというのである。

成功するかどうか分からない、そんな開発でも思い切ったリソースを投じるのが、日亜化学工業のユニークな点だ。同社は開発を始めた１９８９年に、いきなり11億円の費用をこの開発に投じた。内訳は、試験研究費として5億円、設備投

青色LEDに関する「研究記録」の1つである「月報」

提出日の日付が入った公証役場の印鑑が表紙に押されている。ここに開発記録が記されている。（出所：日亜化学工業）

資費として6億円である。その後も、同社はこの開発に対して継続的に費用をつぎ込み続けた。

青色LEDが光を放つには、3つの要素技術が必要となる。①下地層となる良質な窒化ガリウム（GaN）単結晶、②p型[*2]GaN単結晶、③発光層である窒化インジウムガリウム（InGaN）単結晶――だ。日亜化学工業には、これら3つの要素技術ごとに先行する開発者が社外にいた。事実、論文が発表されている。

①のGaN単結晶は、名古屋大学（当時）の赤崎勇氏（名城大学教授、2021年に逝去）と天野浩氏（現・名古屋大学教授）のグループが1985年にMOCVD（有機金属を使う化学的気相成長法）装置を使って作製に成功し、1986年には論文を発表していた。

②のp型GaN単結晶についても、同じく赤崎氏と天野氏のグループが世界で初めて作製することに成功したと1989年に発表した。

そして、③のInGaN単結晶は、1989年にNTT（当時）の松岡隆志氏が世界で

＊2　p型（半導体）は、正孔（ホール）を主なキャリア（電荷の運び手）とする半導体のこと。これに対するのがn型（半導体）で、電子を主なキャリアとする半導体のこと。p型半導体とn型半導体を組み合わせるとPN接合となり、ダイオードやトランジスタの基本構造となる。

日亜化学工業がLEDや半導体レーザーなどの開発に投じたリソース

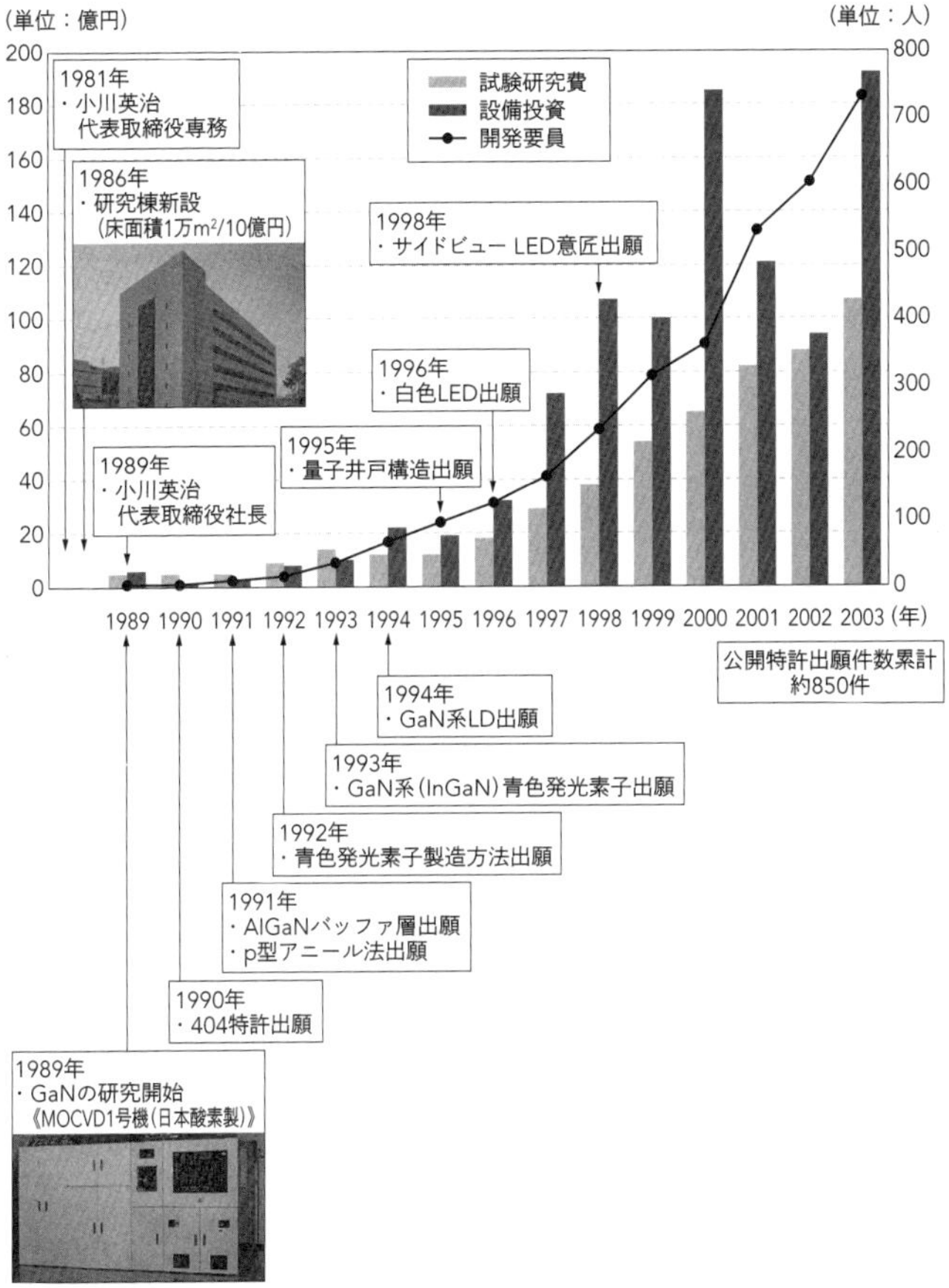

	1989年	1990年	1991年	1992年	1993年	1994年	1995年	1996年	1997年	1998年	1999年	2000年	2001年	2002年	2003年
試験研究費(億円)	5	5	5	9	14	12	12	18	29	38	54	65	82	88	107
設備投資費(億円)	6	1	3	8	10	22	19	32	72	107	100	185	121	94	192
開発要員(人)	4	4	10	16	36	67	96	125	165	235	315	362	532	604	732

費用も人員も大胆に投じ続けたことが分かる。(出所：日亜化学工業の資料を基に筆者が作成)

初めて作製したと発表している。

「1989年から青色LEDの研究開発を開始した当社は、先行する赤崎氏や天野氏、松岡氏の論文を追試し、製品化することが目標だった」。2004年の取材時に、日亜化学工業の向井孝志氏（現・日亜研究所 特別主席研究員）はこう振り返っている。

代用の装置でp型化を実現

①のGaN単結晶の作製は、1992年2月ころに、当時主任研究員を務めていた中村修二氏がMOCVD装置を使って成功した。その装置は「ツーフローMOCVD」と呼ぶものである。横方向から原料ガスを、上方向から押さえ付けるガスを流す方法を採用している。

日亜化学工業は、赤崎氏のグループによるGaN単結晶の水準に1年半～2年ほどで追い付いたという。そして、さらに結晶の品質を高めることに懸命になる。

前述した3つの要素技術のうち、当時最も難しいと考えられていたのは、②のGaN単結晶のp型化だった。赤崎氏のグループが電子線照射によるp型化を発表していたが、他の研究者が追試しても簡単には再現できない状況にあったからだ。この難易度の高いp型化を日亜化学工業は実現した。

中心となったのが、妹尾雅之氏だ。当時、青色LEDを手掛けていた日亜化学工業第二部門では四宮源市氏が部長を務めていた。この四宮氏が設定した1991年の研究開発目標に対し、「マグネシウム（Mg）、亜鉛（Zn）ドープGaN単結晶のp型化およびpn接合によるGaN青色LEDの試作と評価」を掲げたのである。

開発に取り組んだ当初、走査型電子顕微鏡を使って電子線を照射したり、化学処理したりするが全て失敗する。それでも諦めずに考え続けていると、ある時、「電子ビーム蒸着装置」の電子銃を使うことを思い付いた。電極を作るために使っていた装置だった。

このアイデアを試してみることにした。MgをドープしたGaN単結晶の小さなサンプル（1cm角）に、電子銃からの電子ビームを照射する実験だ。最初はサンプルが粉々に割れた。電子線が強すぎて、サンプルが急速に加熱されたからだった。そこで電子線量を抑える工夫を施し、再びサンプルに電子線を照射した。

すると、粉々になることは防げたものの、サンプルは半分に割れた。ここで異変に気づく。サンプルの色が青黒く変化しているように思えたのだ。そこで、テスターを当ててみたところ、抵抗は大きいものの、サンプルは導電性を示した。

この結果にp型になった可能性を感じ取り、フォトルミネッセンス（蛍光発光）を使って特性を調べてみることにした。すると、フォトルミネッセンスで照射する電子線で、サンプルは青紫色に発光した。さらに、電気伝導性を表すホール測定を行い、サンプルがp型になっていることを確認した。

これが日亜化学工業において初めて実現したp型のGaN単結晶だ。専用の電子線照射装置ではなく、開発現場で別の用途で使っていた装置（電子ビーム蒸着装置）を代用してp型化という開発の高いハードルを越えたのは、実に興味深いエピソードである。

量産技術の発見

この成果を踏まえて、日亜化学工業はGaN単結晶をp型化するための専用の電子線照射装置を設計し、外部に発注した。当時は2インチのサファイア基板上にGaN単結晶を成長させていたため、その全面に一度に電子線を照射できる装置だった。この装置は1991年11月に日亜化学工業に届いた。

だが、結果的にこの電子線照射装置を同社が量産工程で使うことはなかった。1991年9月末に、加熱処理によるGaN単結晶のp型化、すなわち「アニールp型化現象」を発見したからだ。この技術のほうが量産性の面で優れていた。

薄いサファイア基板にGaN単結晶を成長させると、熱膨張（線膨張係数）の差で反りが発生する。反りがあると、個々のチップに切り出す作業であるダイシングができない。

この問題を解決するために、岩佐成人氏ら開発チームはサファイア基板に液状酸化ケイ素を塗布し、焼き固めることにした。これにより、反りを強制的に抑えるアイデアを試したのだ。

具体的には、研磨して薄くしたサファイア基板を用意し、液状酸化ケイ素をサファイア基板側に塗布した後、押さえ付けて反りを矯正。その状態のまま800℃で液状酸化ケイ素を焼き固めることで、反りを軽減するという、やや強引とも思える方法である。

この方法で800℃以上に加熱すると、反りを抑えられることが分かった。その半面、新たな問題に直面した。電子線照射でp型化したはずのGaN単結晶が、p型ではなくなること、すなわちn型に戻ってしまうことだ。

ここで、岩佐氏の勘が働いた。「加熱すると結晶の質が変わるのではないか」と思いつき、p型GaN単結晶を加熱してみることにした。すると、MgをドープしたGaN単結晶は400℃ほどでp型からn型に変化するが、さらに温度を上げて600℃以上にすると再びp型化することを発見した。

アニールによるp型化は、加熱するだけでGaN単結晶をp型化できる。低コストで処理できるため、大量生産に向く。現在は世界で多くのメーカーが青色LEDを生産しているが、その全てがこの技術を使っていると言われている。

発光層の作製を実現

③の発光層である窒化インジウムガリウム（InGaN）単結晶に関しては、向井氏と岩

佐氏、長濱慎一氏らが開発を進めた。1992年2月ころ、中村氏が1枚のＩｎＧａＮ単結晶を作製した。しかし再現性がなく、開発チームは作製できた要因を突き止められないまま何カ月もの時間が経過した。それでも諦めずに実験に取り組み続け、試行錯誤の末、最適な条件を見つけ出した。かなり安定してＩｎＧａＮ単結晶を作れるようになったのは、1992年7月ころのことだ。

ただし、当時のＩｎＧａＮ単結晶はインジウム（Ｉｎ）の含有量が少なく、青色ではなく青紫色に光っていた。可視光ではない紫外線の波長を持つため暗い。そのため、不純物をドープ（添加）することで波長を青色領域へシフトするという、半導体関連の教科書にも載っている「不純物準位による波長シフト」を試みた。ここで長濱氏がＺｎとケイ素（Ｓｉ）をドープしたＩｎＧａＮ単結晶を作製し、当時の発光層を試作した。

なお、現在ではＩｎの含有量を増やすことができており、青色に光っている。そのため、ＺｎやＳｉを使った不純物準位による波長シフトの手法は使っていない。当時はＩｎの含有量を増やせなかったため、あくまでも「応急措置」としてＺｎやＳｉをドープしたという事情がある。

こうして開発チームはＩｎＧａＮ単結晶を発光層とし、その下の面をｎ型窒化アルミニウムガリウム（ＡｌＧａＮ）単結晶で、上の面をｐ型ＡｌＧａＮ単結晶で挟んだ「ダブルヘテロ」構造の青色ＬＥＤを試作した。この構造にすることで、輝度（明るさ）が飛躍的に高まった。１９９３年11月に青色ＬＥＤを発表した際に、輝度を従来の１００倍と打ち出せたのは、この構造によるものだ。

ここまで結晶成長に着目してきたが、製品として高輝度に光らせるには、電極にも工夫が必要となる。日亜化学工業は、ニッケル金（Ｎｉ・Ａｕ）を材料に選び、透けて見えるほどごく薄くした電極を発明し、「透明電極」と名付けた。透明だから、発光層から放たれる光を遮ることがない分、明るくなる。Ｎｉ・Ａｕには低電圧化の効果もあった。妹尾氏や山田孝夫氏、山田元量氏が中心となって取り組んだ。

製品化するには、量産性を高める生産技術の確立も重要になる。造っても利益が出ないならビジネスにならない。そこで開発チームは、歩留まりの低かったツーフローＭＯＣＶＤ装置を改良し、後にツーフロー方式をやめたＭＯＣＶＤ装置を使って結晶を成長させるパイロットライン（少数生産ライン）を確立。さらに、電極を形成したり、保護膜を付けたりといったデバイス工程の開発も進めた。

以上は、あくまでも青色LEDに関する初期のころの開発の経緯であり、なおかつ、対象を主に3つの要素技術に絞り込んだものである。日亜化学工業は当時、蛍光体メーカーでありながら、社長だった小川英治氏の決断でLED事業の新規の立ち上げに挑んだ。すなわち、青色LEDを自ら造り、製品として販売することを目指したのだ。この製品化や事業化という難題に挑み、貢献した社員は他にもたくさんいる。

2

青色LED訴訟と和解

1999年の年末に日亜化学工業を退社した中村氏は、2001年に同社を訴えた。同氏が発明した「ツーフローMOCVD装置」に関する特許、具体的には、窒化ガリウム(GaN)系化合物の結晶成長装置に関する特許第2628404号(下3桁をとって404特許とも呼ばれる)の1件について、その「特許権の帰属(持ち分)」と「相当の対価(相当対価)」を求めた訴訟だ。この特許自体はMOCVD装置のガスの流し方に関するものだが、専門的過ぎる。そのため、世間では「青色LED訴訟」と呼ばれて話題となった。

2004年1月30日、この訴訟の一審を担当した東京地方裁判所(以下、東京地裁)は、600億円を超える相当対価をはじき出した。「基本特許」であり「個人的能力と独創的な発想」に基づく発明という判断からである。仮のライセンス実施料率は「20%」、発明者の貢献度は「50%」との判決だった。*3

この訴訟は控訴審に進んだ。そして2005年1月11日、中村氏と日亜化学工業との間で和解が成立した。和解金額は「6億857万円」。年率5％の金利を含めた総額として、日亜化学工業が中村氏に「8億4391万円」を支払うことになった。

東京高裁は相当対価の算出根拠を示し、それを和解金額に当てはめた。先述の通り、中村氏が相当対価を訴えたのは404特許の1件についてのみだったが、東京高裁は「被控訴人（中村氏）の全ての職務発明の特許を受ける権利の譲渡の相当の対価（相当対価）について、和解による全面的な解決を図ることが、当事者双方にとって極めて重要な意義のあることであると考える」「将来の紛争も含めた全面的な和解をするため、和解の勧告をする次第である」（和解についての考え）という判断を下した。

これにより、中村氏と日亜化学工業との間で訴訟による争いは完全に終結した。和解成立を受けた記者会見で同氏は、「3年前に日亜化学工業を訴えた時から見れば、多くの企業が特許報奨金額について上限を撤廃するなど、大きな前進があった」とこの訴訟の社会

＊3　この訴訟は2段階となっていた。まずは特許権の帰属の争いについて決着をつけ、その後、相当対価を争った。2002年9月19日、東京地裁は「特許権の帰属は日亜化学工業にある」という中間判決を下し、中村氏の訴えを棄却した。

的な影響について感想を述べた。

和解から1年以上が経過した2006年3月8日、日亜化学工業は「404特許」の権利を放棄した。権利を維持するために必要な特許維持年金を抑える知財における通常業務の一環だという。

その後、2014年に中村氏は前出の赤崎氏と天野氏と共にノーベル物理学賞を受賞した。日亜化学工業が整えた「技術者天国」の成果は、ここまで大きく花開いたのである。

第11章

青色ＬＥＤを最初に光らせた研究者

世界に先駆けて青色ＬＥＤを開発して製品化し、それがきっかけとなって白色ＬＥＤや半導体レーザーなどの新規事業を立ち上げて会社を大きく成長させた日亜化学工業。ただし、同社が証言する通り、青色ＬＥＤの開発では日亜化学工業が製品化する前に、多くの研究者や技術者たちによる窒化ガリウム（ＧａＮ）系半導体結晶を得るための努力があった。

このＧａＮ系青色ＬＥＤの開発の歴史において大きな足跡を残したと言えるのが、赤崎勇氏（名城大学教授、２０２１年に逝去）と天野浩氏（現名古屋大学教授）のグループである。２人は日亜化学工業出身の中村修二氏と共に２０１４年にノーベル物理学賞を受賞した。本書の最後に赤崎氏と天野氏の業績を記しておきたい。

3つの材料から窒化ガリウムを選択

１９９３年11月に日亜化学工業が青色ＬＥＤの製品化を発表して以来、ある時期まで青色ＬＥＤは日亜化学工業が独自に開発したと世間に思われてきた。地方の〝無名企業〟が成し遂げたという事実が、いかに大きなインパクトを世間に与えたかが分かる。だが、天野氏は「青色LEDの製品化には、窒化ガリウム（GaN）系半導体結晶を得るための多くの先人たちによる技術と執念の積み重ねがあった」と語る。

そして、このGaN系青色LEDの開発の歴史で大きな足跡を残したのが、赤崎氏と天野氏のグループである。例えば、赤崎氏が2001年度に受賞した応用物理学会業績賞では、その受賞理由として次のように記されている。

「GaN系窒化物半導体材料とデバイスの研究・開発は、赤崎氏とそのグループの研究がすべての出発点である。すなわち、低温緩衝層技術の開拓により、格段に高品質な結晶の成長に成功し（1986年）*、それまで不可能とされていたp型伝導の実現とn型伝導度制御の達成（1989年）、さらにpn接合青色発光ダイオードを実現（1989年）したこと等である」。

なお、青色LEDの発明を語るとき、GaN系青色LEDばかりを取り上げるが、それは現在実用化されている青色LEDの原型という「暗黙の了解」があるからだ。青く光る

＊　この技術を確立したのは1985年で、発表したのが1986年。

LEDという概念であれば、GaN系青色LEDよりも先に、炭化ケイ素（SiC）系青色LEDがこの世に誕生している。だが、このSiC系青色LEDは光出力が弱く（暗く）、青色LEDの次に研究者の多くが目指した青色半導体レーザーの開発にもつながらないと判断されたため、今では青色LEDといえばGaN系青色LEDを指すようになっている。

赤崎氏と天野氏のグループが高く評価されているのは、多くの研究者が見放したGaNという材料にこだわり続け、その努力をきちんと青色LEDの実現に結びつけたからだ。

GaNという「困難な道」を選んだ赤崎氏

青色LEDや青色半導体レーザーといった青色発光デバイスを光らせるには、少なくともバンドギャップ（エネルギー準位の差、禁制帯幅：電子が存在できないエネルギー範囲）が2・6電子ボルト（eV）以上と大きな半導体材料が必要となる。発光波長とバンドギャップエネルギーの間には、次の式が成り立つ。

発光波長（ナノメートル（nm））＝1・24／バンドギャップエネルギー（eV）×1000

ここで、青色の発光波長である455〜485nmを得るという目的から逆算すると、2・55〜2・72eVというバンドギャップエネルギーが導かれる。従って、青色発光デバイスを実現するには、少なくとも2・6eV以上のバンドギャップエネルギーが必要だ。こうしたバンドギャップエネルギーが大きい半導体をワイドギャップ半導体と呼び、上記の式から分かるようにワイドギャップ半導体だからこそ、エネルギーの高い青色領域である短波長の光を放つことができる。

1960年代後半から1980年代前半にかけて、こうした青色発光デバイスの材料として候補に挙がっていたのは、①SiC、②セレン化亜鉛（ZnSe、ジンクセレンと呼ぶ）、③GaN——の3つだった。だが、これらの3つが同じように期待されていたわけではない。結晶成長の難易度を踏まえ、SiCとZnSeの2つに多くの研究者の注目が集まった。

ところが、ここで赤崎氏はＧａＮを選択した。この選択について同氏は、２００２年に武田賞を受けた際の講演で次のように語っている。

「１９７０年ごろから80年代にかけて青色発光デバイスを目指す研究者の多くはこの３つの材料（ＳｉＣとＺｎＳｅとＧａＮ）を対象として研究してきた。この中で唯一、ＳｉＣはｐｎ接合が当時からできていた。従って、結構多くの人がこの材料の研究に取り組んでいた。残りはＺｎＳｅもしくはＧａＮを選んだ。これらはいずれもｐ型半導体ができていないという点で共通していた。しかし、ＳｉＣはバンド構造が間接遷移型のため、強い発光が望めないし、まして半導体レーザーはできない。一方で、ＺｎＳｅとＧａＮは共に直接遷移型だが、ｐｎ接合ができていなかった。

こうした背景から、ＳｉＣを選んだ研究者以外の大部分はＺｎＳｅを選択した。その理由は、両方とも結晶を作りにくい点は同じだが、どちらかと言えばＺｎＳｅの方がＧａＮよりも作りやすかったからだ。

また、ＺｎＳｅには柔らかくて加工しやすいという特徴もあった。それに対し、ＧａＮは結晶の作製が極めて難しく、またエネルギーギャップがＺｎＳｅに比べて大きいため、

p型化はさらに困難であると予想された。

私は、GaNのpn接合と青色発光デバイスの実現は極めて困難であると分かっていた。だが、どうせやるならと、この難しいGaNに挑戦することにしたのだ」。

赤崎氏が青色LEDや青色半導体レーザーの開発を強く意識し始めたのは1966年ごろだという。当時、松下電器東京研究所（その後、松下技研に社名変更）に所属していた同氏は、窒化アルミニウム（AlN）や、ガリウムヒ素（GaAs）の結晶成長と物性の研究、ガリウムヒ素リン（GaAsP）を使った赤色LEDやガリウムリン（GaP）による緑色LEDの開発を手掛けていた。このうち、赤色LEDでは、1969年に外部量子効率が2%と世界最高のデバイスの開発に同氏は成功している。

だが、青色発光デバイスの開発を目指してGaNを選択したのは赤崎氏だけではない。世界では同氏よりも先にGaN系青色LEDの開発に着手した研究者がいた。赤崎氏が従来よりも明るい赤色LEDを開発した1969年に、米国ではRCA研究所のムルスカ氏らが、HVPE（水素化物気相成長、ハイドライド気相成長）法により、サファイア基板の上にG aN単結晶を作製することに成功した。そして、1971年には、同じくRCA研究所のパンコフ氏らがGaNを使ったMIS（金属－絶縁体－半導体）型青色LEDを作製する。これが、世界で初めての青色LEDだ。ただし、p型が実現できないため、外部量子効率は0・1％と暗かった。

このMIS型青色LEDが初めて光を放った2年後の1973年、赤﨑氏は実際にGaN系青色発光デバイスの開発に着手する。p型を実現し、より明るい青色LEDや、青色半導体レーザーの実現を目指したのだ。この時、赤﨑氏は「〝前人未踏〟の『GaN系ナイトライドのp－n接合による青色発光デバイスの実現』への挑戦を〝ライフワーク〟とすることを決意した」（赤﨑、「夢の青色発光デバイスの実現を語る」、応用物理第73巻第8号、2004年）。

MOCVD法とサファイア基板という2つの決定

MIS型で暗く電圧が高いものの、一応は青色LEDまで実現したGaN。だが、その後も世界的に研究が活気を帯びたとは言い難い。「良質なＧａＮ単結晶を作ることが難しい上に、ｐ型化（ｐ型伝導）が困難だったため」（天野氏）だ。

ＧａＮ単結晶を作ることが難しい理由について、赤崎氏はこう語る。

「ＧａＮは、窒素の蒸気圧が極めて高く、また融点も高く、バルク単結晶を作るのは極めて難しい。基板結晶がないので、（異種基板上への）ヘテロエピタキシャル成長によらざるを得ない。しかも、サファイア基板とのミスマッチはＧａＡｓ基板上にＺｎＳｅを成長させる場合よりはるかに大きい」（「知的創造社会へのメッセージ」、『発明』、２０００年6月号）。

そのため、当時のＧａＮ単結晶は表面の凹凸が激しく、多数のクラック（ひび割れ）やピット（微小なくぼみ）を含んでいて結晶性が悪かった。おまけに、ｐ型化の方法も見つからないことから、世界のほとんどの研究者がＧａＮから撤退したり、中止したり、材料をＺｎＳｅに替えたりしたのだ。

だが、ＧａＮ系青色発光デバイスの研究をライフワークとした赤崎氏は、決してＧａＮを諦めなかった。同研究を開始した翌年の１９７４年、赤崎氏のグループはＭＢＥ（分子線エピタキシャル成長）法により、不均一ながらGaN単結晶を作製する。この時のMBE装置は古い真空蒸着装置を改造したものだったという。

その後、赤崎氏が当時の通商産業省（現経済産業省）に提案した研究プロジェクトが審査を通り、1975年から3年間の研究プロジェクト「青色発光素子に関する応用研究」に対して補助金を得たことから、新規のMBE装置を購入して実験を続けた。それでも、GaN単結晶の品質は向上しなかった。その上、MBE法は結晶の成長速度も遅いという弱点もあり、赤崎氏のグループはRCA研究所のムルスカ氏やパンコフ氏らが採用したHVPE法をMBE法と併用することにした。

その結果、1978年に赤崎氏のグループは外部量子効率が0・12％と、パンコフ氏らが作製したものよりも明るいMIS型青色LEDの実現にこぎ着けた。これは1981年に松下技研で約1万個が作製され、サンプル出荷までされたが、歩留まりが低くて商品化はされなかったという。

こうして、GaN単結晶の作製にHVPE法を採用した赤崎氏だが、1979年にさらに新たな結晶成長法の導入を決定する。現在主流のMOCVD（有機金属を使う化学気相成長）

法だ。この決定について同氏は先の「夢の青色発光デバイスの実現を語る」の中でこう記述する。

「GaNは窒素蒸気圧が極めて高いので、超高真空中で行うMBE法は（急しゅんな界面作製など優れた点は多いが）GaNに関する限り、最適とはいえない。HVPE法は成長速度が速すぎ、また一部可逆反応を伴うので、高品質化には不向きと考えた。一方、OMVPE（注：MOCVDと同じ意味）法は、当時GaNにはほとんど用いられていなかったが、単一温度領域での不可逆反応を用いる方法で、成長速度も前二者（注：MBE法とHVPE法のこと）の中間であり、GaN成長には最適と考え、1979年以降、この方法を中心に成長を行うことにした」。

このMOCVD法の導入の決定と同時に、赤崎氏はGaN単結晶を作製するための基板についても重要な決定を下す。GaN単結晶の基板が存在しないことから、GaN単結晶の成長には従来からサファイア基板が使われてきた。そして、MOCVD法を導入しても、赤崎氏はこのサファイア基板を踏襲することにしたのだ。「夢の青色発光デバイスの実現を語る」の中で同氏はこう記している。

「（結晶成長法の）次の問題は基板結晶の選択である。結晶の対称性、物性定数の類似性と同時に、（ＯＭＶＰＥ法での）成長条件（環境）への耐性など総合的な検討が必要であり、実験的に決めることにした。１年余りをかけて、ＳｉやＧａＡｓやサファイアなどを実際に比較した結果、やはり当面は（将来、より優れた基板の使用が可能になるまで）、サファイアを用いることにした」。

こうして、ＭＯＣＶＤ法とサファイア基板の選択という重要な決定を下した後、先のＭＩＳ型青色ＬＥＤがサンプル出荷された１９８１年に、赤崎氏は松下技研を離れ、名古屋大学に移って教授に就任することになった。ここから、赤崎氏のＧａＮ系青色発光デバイスの研究開発は名古屋大学に舞台を移す。

名古屋大学の教授となった後の１９８１〜１９８４年ごろ、赤崎氏は良質なＧａＮ単結晶を得るための方法を思案する。「松下時代（１９７８〜１９７９年）の『ＧａＡｓＰ／ＧａＡｓ上へのＧａＩｎＡｓＰのヘテロエピタキシー』において〝バッファ層〟の適用が有効であることを思い出し」（「夢の青色発光デバイスの実現を語る」）、これが低温緩衝層のアイデアにつながった。

赤崎氏が低温緩衝層を考える必要があったのは、MOCVD法とサファイア基板の組み合わせだけでは、すぐに良質なGaN単結晶ができるわけではないからだ。サファイア基板とGaN単結晶とでは、格子定数や線膨張係数（熱膨張係数）の差が大きく、例えば格子定数の差は16％もあった。このことが劣悪な結晶を生む原因となっていた。

先の「知的創造社会へのメッセージ」の中で、赤崎氏はこう回答している。

「私はそのミスマッチ（格子定数や熱膨張係数の差）に起因する障害を克服するには、（1）何か柔らかい構造の極めて薄い〝緩衝層〟をサファイア基板とGaNとの間に（中間層として）挿入する、（2）その緩衝層材料としては、サファイアかGaNと物性が似通っていることが望ましいだろうと考えました。そして、私はその候補材料としてAlN、GaN、SiC、ZnO（酸化亜鉛）の4つの材料をメモしました。例えば、ZnOはいろいろな物性がGaNによく似ているからです（1981〜1982年）。

4つの候補をすべて自分の所で実験するのは難しいので、ZnOとSiCは知り合いの他大学の先生に依頼することとし、私自身は、（中略）1965年からすでにAlNの結晶

高輝度青色LEDの構造

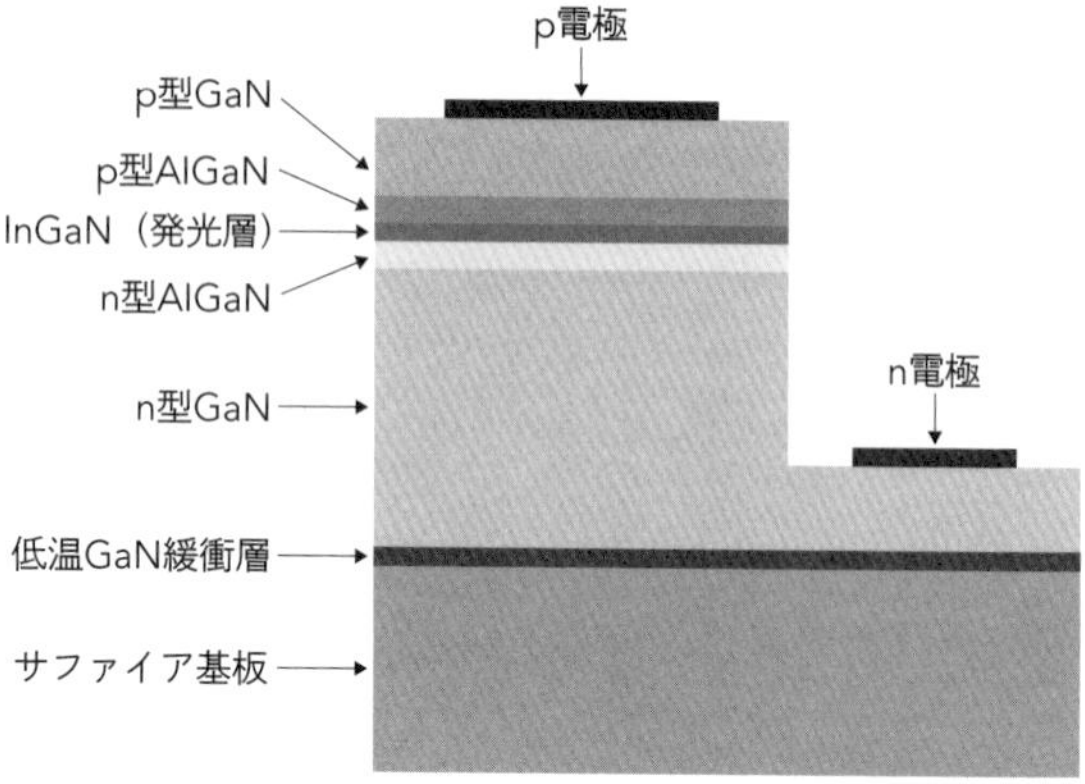

日亜化学工業の初期の製品のもの。サファイア基板の上に低温 GaN 緩衝層がある。
（出所：日経クロステック）

成長と光学特性の研究をしていたのでＡｌＮになじみがありました。（中略）そんなわけで、４つの候補のうち、最初に緩衝層材料として選んだのがＡｌＮだったのです」。「ＡｌＮのほか、先に候補に挙げたＧａＮでも、『緩衝層としての堆積の最適条件はＡｌＮの場合とは若干異なると思われるが、緩衝層として同様な効果が期待できるだろう』と、学会や研究会では質問に答える形で何回か発表しました」。

　つまり、赤崎氏は現在の青色発光デバイスで基本技術となっている「低温ＡｌＮ緩衝層」と「低温ＧａＮ緩衝層」のアイデアを、１９８０年代前半に思いついていたことになる。ちなみに、日亜化学工業が採用したのは低温GaN緩衝層である。

なお、緩衝層を使うという点では、1983年に工業技術院電子技術総合研究所の吉田貞史氏のグループが、AlNを緩衝層に使うことで良質なGaN単結晶の作製に成功している。結晶成長法はMBE法だった。


そして、赤崎氏はGaN単結晶の成長実験に着手する上で、もう1つ現実的な問題に直面する。研究資金という問題だ。

MOCVD法を利用すると決めたものの、当時最先端であったMOCVD装置はGaN専用のものがない上、1台当たり数千万円もする非常に高価なものだった（ちなみに、日亜化学工業が初めて購入したMOCVD装置は1億数千万円）。当時、名古屋大学の赤崎研究室の1年間の研究費は300万円程度。国立か私立かを問わず、日本の大学の理工学部の研究費としてはごく標準的と言える額だが、とても市販のMOCVD装置を購入することはできない。そこで、1984年にMOCVD法によるGaN単結晶の成長実験をスタートさせた赤崎研究室では、GaN単結晶の成長実験を行う前に、まずはMOCVD装置を自作することにした。

世界で初めて良質なＧａＮ単結晶を作製

ＧａＮ単結晶の成長実験のため、専用のＭＯＣＶＤ装置の設計と製作に取り組んだ１人に、天野氏がいる。１９８２年に赤崎研究室に進んだ同氏は、当時はまだ学生という立場だった。世界でまだ誰も成功していないｐｎ接合の明るい青色ＬＥＤの研究に挑戦の意欲をかき立てられ、天野氏は赤崎研の門を叩いたという。天野氏はこのＭＯＣＶＤ装置を製作した時のことをこう語る。

「当時はＧａＮ専用のＭＯＶＰＥ（注：ＭＯＣＶＤと同じ意味）装置そのものが市販されていなかったこともあり、一年先輩の小出康夫氏（現物質・材料研究機構）と共に、ＭＯＶＰＥ装置を作ることから始めました。基板加熱用の発振器は以前から研究室にあった古いものを転用し、高価な石英部品のうち、１／４インチの石英管などは研究室の予算で購入するほか、60ｃｍの高価な石英管などはある企業の方から寄贈してもらったりして実験を行っていました。また、最低限必要なガス流量計などの部品は研究室の予算で購入しましたが、これらの組み立ては全て自分たちで行いました」（天野氏）。

天野浩氏が使ったMOCVD装置

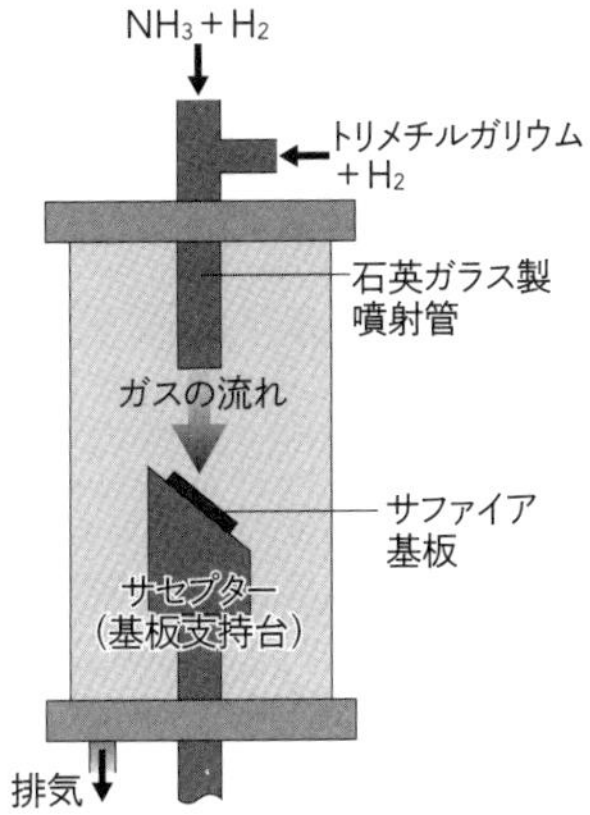

上方の1本の石英ガラス製噴射管から斜めに傾けたサファイア基板に向かって原料ガスを供給する。原料ガスの流速は従来の100倍となる500cm/秒。従来の流速5cm/秒では、高温になったサファイア基板の熱で対流が起こり、上方から流す原料ガスがサファイア基板を避けて流れていたことを突き止め、天野氏が自ら改良した。（出所：筆者）

こうして自作のMOCVD装置は完成したが、良質なGaN単結晶の作製は難航した。天野氏は2年間、元日以外の全ての日をGaN単結晶の成長実験に費やした。基板温度や反応真空度、反応ガスの流量、成長時間などの条件を様々に調整し、1500回を超える実験に勤んだ。だが、良質なGaN単結晶を作ることはできなかった。

それでも、天野氏が諦めることはなかった。こうした実験を繰り返す中で、同氏はガスとその流速に着目した。そして、発煙筒の原料を使い、MOCVD装置の中で原料ガスがどのように流れているかを観察したところ、原料ガスがサセプター（サファイア基板を置く台座）を避けて流れていることを発見する。この実験からＧａＮ単結晶を作るために基板を高温にするが、その熱で対流が起き、原料ガスが基板にたどり着かないことを突き止めた天野氏は、原料ガスの流速を従来の秒速５センチメートル（ｃｍ）から秒速５００ｃｍへと１００倍に高めることにした。

赤崎氏と共に武田賞を受賞したときの講演で、天野氏はこう述べている。

「従来、ガスの流速は秒速５ｃｍと非常に遅かったが、それを１００倍の速さで供給することにした。このとき苦労したのは石英の細工だ。当時は予算がなく、外注すると時間がかかるため、この石英の細工は全部自分で行った。最初は難しかったが、何十回と繰り返すうちに思い通りに細工できるようになり、ガスをきれいに供給できるようになった。当時、Ｇａの原料とアンモニアは反応しやすいから分けて供給するという常識があったが、それをあえて破り、ガスの流量をできる限り増やすために一緒に供給した。加えて、ガスの流速もまた当時のＭＯＣＶＤ装置では常識外れの高速にして供給した。さらに、自作したサセプターも斜めに切ることできれいなガスの流れを実現した」。

こうしてMOCVD装置のガスの制御性を高めた天野氏が、先の低温AlN緩衝層を使い、世界で初めて良質なGaN単結晶を作製したのは1985年のことだ。

興味深いのは、この成功が偶然をきっかけとして生まれたことである。1985年のある日、いつものようにGaN単結晶を成長させようと、天野氏はMOCVD装置の炉の温度を1000度（℃）以上に高めようとした。だが、その日はたまたま炉の調子が悪く、温度が700～800℃程度までしか達しなかったという。当然、この温度ではGaN単結晶を成長させることはできない。

だが、ここで天野氏の頭には「Alを入れると結晶の品質がよくなるかもしれない」（『青色』に挑んだ男たち」中嶋彰著、日本経済新聞社）という考えが思い浮かんだ。そこで、天野氏はGaN単結晶を成長させるのではなく、サファイア基板上にAlNの薄い膜を成長させてみた。ところが、そのうち炉の調子が戻ったため、炉の温度を1000℃に高めて今度はGaN単結晶を成長させた。それを炉から取り出して顕微鏡で確認すると、きれいなGaN単結晶ができていたというわけである。

サファイア基板の上にいったん低温AlN緩衝層を作り、その上にGaN単結晶を作製する。天野氏はこの方法で良質なＧａＮ単結晶を再現性良く作れることを確認した。この良質なＧａＮ単結晶の実現は青色ＬＥＤの発明における「ブレークスルー技術（要素技術）」の１つと評価されている。

ｐ型ＧａＮ単結晶を実証

青色ＬＥＤの発明において、ブレークスルー技術と呼ばれたものは３つある。①良質なＧａＮ単結晶の実現の他に、②ｐ型ＧａＮ単結晶の実現と、③発光層に使う窒化インジウムガリウム（ＩｎＧａＮ）単結晶の実現――である。このうち、上記の通り良質なＧａＮ単結晶を実現した天野氏が、同じくｐ型ＧａＮ単結晶の作製にも世界で初めて成功した。１９８９年のことだ。

通常、ＧａＮ単結晶はｎ型を示している。他の材料ではｐ型に変える方法として、アクセプターと呼ばれるｐ型化を示す不純物を少量添加（ドープ）する方法が一般に知られている。ところが、ＧａＮ単結晶はこのアクセプターをドープしただけではｐ型化しなかったのだ。そのため、天野氏によれば、当時は「p型GaN単結晶は絶対にできない」と断言する研究者までいたという。

事実、良質なGaN単結晶を実現した後、p型化を目指して研究を進めた天野氏も厚い壁に直面した。天野氏はアクセプターとしてZnやマグネシウム（Mg）を選び、GaN単結晶にドープしてみたが、何度試してもp型化しなかったからだ。

だが、結論から言えば、天野氏はこの厚い壁を突破する。その方法は、Mgをドープしたガ GaN単結晶に電子線を照射するというものだ。これにより、2番目のブレークスルー技術であるp型GaN単結晶が実現されたのである。赤崎氏と天野氏のグループは、この方法を「低速電子線照射（LEEBI）」と名付けた。

天野氏によれば、このp型化の方法も、良質なGaN単結晶を実現した時と同じく「偶然の産物」だという。次のようなエピソードがある。

当時博士課程に進んでいた天野氏は、インターンシップでNTTの武蔵野通研に1カ月ほど通った。カソード・ルミネッセンスの評価に取り組むためだ。これは電子線を試料に当て、励起によって発光させる方法だ。この実験中に天野氏は不思議な現象に出会った。

ZnをドープしたGaN単結晶に電子線を照射すると、結晶から放たれる青色の光がどんどん明るくなっていくのだ。この現象から、ZnをドープしたGaN単結晶の特性が変わったと思った天野氏は、電気的な評価も行ったがp型にはなっていなかった。

やはり、このGaN単結晶はp型化できないのかと諦めかけていた時に、ある教科書を見つけた。そこには、ZnよりもMgの方がp型化しやすいアクセプターであると記してあった。そこで、天野氏はZnからMgに替えてドープしたGaN単結晶に電子線を照射した。すると、このGaN単結晶がp型に変わっていた——。

こうしてp型GaN単結晶を実現する方法を見出した赤崎氏と天野氏のグループは、同じく1989年に世界で初めてpn接合青色LEDを作製した。

また、赤崎氏はp型化（p型伝導）の実現とともに、n型の伝導度の制御も重要な技術であると考える。低温バッファ層技術を導入することで良質なGaN単結晶を成長できるようになった半面、結晶性が向上したため、逆にドナー（n型を示す不純物）が少なくなってn型の抵抗率が高くなった。こうした背景から、赤崎氏のグループは、n型を示す不純物

（ドナー）をドープして低抵抗なn型GaN単結晶を作る技術を確立した。これも1989年のことだ。

「夢の青色発光デバイスの実現を語る」の中で、赤崎氏はこう述べている。

「n型結晶の伝導度について、1つ新たな問題が発生した。それは、低温バッファ層技術による結晶の高品質化に伴い電子密度が著しく減少し、結晶が高抵抗化したことである。実際のデバイス作製では、結晶性を劣化させることなく広い範囲にわたって伝導度を制御する必要がある。n型伝導度制御の試みに関しては、（注：1986年に米国から）一遍報告されていることが後でわかった。（しかし、当時、筆者（注：赤崎氏のこと）ら以外は低温バッファ層技術を用いていないため）、その報告では残留電子密度は10^{20} cm^{-3}と高く、伝導度の制御にはまったく触れていなかった。筆者らは、Si（注：ケイ素）がすべてのナイトライド（注：窒化物半導体）でドナーとして振る舞うことを見いだし、バッファ層技術により結晶性を高品質に保ちながら、SiH_4（シラン）ドーピングを行い、電子密度を10^{15}～10^{19} cm^{-3}の広い範囲にわたって制御することに、同1989年に成功した。この〝n型伝導度の制御〟は、先のp型伝導の発見とともに実用上きわめて重要である。この技術はGaNにつづきＡｌＧａＮ（注：窒化アルミニウムガリウム）やＧａＩｎＮ混晶（注：ＩｎＧａＮ混晶、ＩｎＧａＮ単結晶とも言う）にも適用され、現在世界中で広く用いられている」。

発光層に使う良質なＩｎＧａＮ単結晶も１９８９年に実現

そして、３番目のブレークスルー技術であるＩｎＧａＮ単結晶も、興味深いことに１９８９年に実現されている。

ＧａＮは、そのままでは波長が約３６０ｎｍをピークとした紫外線領域を中心とする光を放つ。紫外線は可視光領域ではないため、目で見た印象は暗くなる。そこで、青色ＬＥＤの開発で先駆けた赤崎氏と天野氏のグループが青色領域の光を出すために行ったのは、「ＧａＮ単結晶にシリコン（Ｓｉ、ケイ素）とジンク（Ｚｎ、亜鉛）を一緒に入れた不純物準位による発光の方法」（天野氏）などだった。

だが、この方法よりもＧａＮ単結晶にインジウム（Ｉｎ）を添加し、青色領域である４５５～４８５ｎｍまで長波長化すれば、より明るい青色ＬＥＤにできる。また、青色Ｌ

ＥＤの延長線上にある青色半導体レーザーはこのＩｎＧａＮ単結晶による発光強度でなければ実現できない。そのため、ＩｎＧａＮ単結晶はブレークスルー技術に位置づけられているのである。

このＩｎＧａＮ単結晶の作製も、先駆けたのは赤崎氏と天野氏のグループだ。ＩｎＧａＮの作製は１９７０年代に多結晶が発表されているが、単結晶の発表はなかった。赤崎氏と天野氏のグループは、１９８６年に数％と少量ながらＩｎを含有したＩｎＧａＮ単結晶を作製する。だが、それ以上Ｉｎを添加できず、ＩｎＧａＮ単結晶にはこだわらず、まずは物理的に青く光る青色ＬＥＤを実証する方向へ研究を進めたという。

その後、１９８９年にＮＴＴの松岡隆志氏（現東北大学教授）のグループと、芝浦工業大学（当時）の長友隆男氏のグループがほぼ同時に、Ｉｎを多く入れたＩｎＧａＮ混晶を世界で初めて作製した。Ｉｎの含有量が共に44％と等しいＩｎＧａＮ単結晶だった。

このうち、松岡氏が確立した技術の要点は、まず、原料ガスを運ぶキャリアガスを従来の水素ガスから窒素ガスに代えたことにある。続いて、原料であるアンモニアガスの供給比率を従来の１００倍に高めた。そして、結晶成長時の温度を低温にしたことだ。「ＩｎＧａＮ単結晶を得る標準技術を確立した松岡氏の功績は大きい」と天野氏は評している。

その後、赤崎氏と天野氏のグループは、ＩｎＧａＮ単結晶は使ってはいないが、従来のｐｎ接合タイプよりも明るく光る青色ＬＥＤを１９９２年に作製している。ｐ型ＡｌＧａＮとｎ型ＡｌＧａＮで、ＺｎとＳｉをドープしたＧａＮ層を挟んだダブルヘテロ構造の青色ＬＥＤである。「１９９２年にはＡｌＧａＮ／ＧａＮダブルヘテロ接合（ＤＨ）ダイオードを用い、外部量子効率１・５％の青色／紫色ＬＥＤを実現した」（赤崎、「夢の青色発光デバイスの実現を語る」、応用物理第73巻第8号、２００４年）。なお、外部量子効率は１％を超えると実用レベルであるという。

こうして、青色ＬＥＤの発明を支えた３つのブレークスルー技術である①良質なＧａＮ単結晶、②ｐ型ＧａＮ単結晶、③発光層であるＩｎＧａＮ単結晶——がそろう１９８９年に、日亜化学工業はＧａＮ系青色ＬＥＤの研究開発をスタートさせた。日亜化学工業がこれらの技術をものにし、明るさと電圧の面で一通りのめどをつけてプロトタイプとなる青色LEDを完成させたのは、1993年初めのことだ。そして、日亜化学工業は1993年11月に青色LEDの製品化を発表したのはこれまでに何度も述べてきた通りである。

おわりに

筆者が日亜化学工業を最初に取材したのは、今から20年以上前の2004年3月のことだ。高輝度な青色LEDの開発・量産に成功して以来、同社はメディアの注目の的になっていた。しかも、当時は携帯電話の液晶のカラー化に伴い、白色LEDが爆発的な販売を記録。売上高が急伸し、50％前後の利益（経常利益）率という驚異的な数字をたたき出していた。その経営手腕を知りたいと、同社を率いる社長の小川英治氏には多くのメディアから取材依頼が殺到していた。

ところが、小川英治氏はそれらをことごとく断っていた。その理由を直接本人に確認したわけではないが、いわゆるＢ ｔｏ Ｂ（企業間取引）ビジネスを手掛けていることから、メディア対応の時間があるなら、その分、顧客が認めてくれる良いものづくりに精力を傾ける、という考えがあったからだと筆者は認識している。

取材を受けてもらえたのは、ちょうど日経ＢＰで技術系の月刊誌「日経ものづくり」が創刊したタイミングだったからだ。創刊号は2004年4月号だった。この「ものづくり」という名前を知り、そんな雑誌の記者なら話が通じると思っていただけたのではないかと筆者は受け止めている。ただの偶然に過ぎないのだが、おかげでメディアで初めて日亜化学工業社長のインタビュー記事を掲載することができた。取材の機会をうかがっていた別の経済誌の記者からは、驚きと悔しさが入り交じった声が聞こえてきたほどだ。

この時に筆者が驚いたのは、世間で広まっていた日亜化学工業のイメージと実態がまるで違っていたことだ。徳島県阿南市にある同社の本社を訪れる前は、地方によくある中小企業の1社のように想像していた。ところが、実際は広大な土地に多くの建物（棟）が立ち並ぶ大企業だった。研究開発や生産技術を担う技術者もたくさんおり、工場には自分たちで造ったものを含む最新の設備がずらりと並んでいた。考えてみれば、当時は主力事業になりつつあった白色LEDをがんがん量産しており、売上高が2000億円に迫る勢いだった。田舎の中小企業のはずがない。

一次情報に当たるのは記者の基本だが、この時ほどその大切さを痛感したことはない。本書には「等身大の日亜化学工業」を記したつもりだ。とはいえ、無条件に礼賛するつもりはない。この本から何かを受け取ってもらえたら幸いだ。

著者紹介

近岡 裕（ちかおか・ゆたか）

1995年3月早稲田大学理工学部機械工学科卒業、1997年3月早稲田大学大学院理工学研究科機械工学専攻修士課程修了。同年4月日経BP社入社。日経メカニカル編集、2004年日経ものづくり編集、2014年日経ものづくり副編集長、2018年日経クロステック副編集長などを経て、2021年より日経クロステック編集委員。入社以来、28年間一貫して日本の製造業を強化するための記事を執筆し続けている。日経クロステックおよび日本経済新聞電子版で高ランキング記事を多数執筆。著書に『検証 トヨタグループ不正問題 技術者主導の悲劇と再生の条件』（日経BP刊）がある。

技術者天国
日亜化学工業、知られざる開発経営

発行日　2025年4月21日　第1版第1刷発行
　　　　2025年6月24日　第1版第2刷発行

著　者　近岡 裕
発行者　浅野祐一
発　行　株式会社日経BP
発　売　株式会社日経BPマーケティング
　　　　〒105-8308 東京都港区虎ノ門4-3-12
校　正　松岡りか（Office Riccardo）
ブックデザイン　山之口正和＋永井里実＋高橋さくら（OKIKATA）
制作・印刷・製本　株式会社大應

ISBN978-4-296-20781-7

本書籍に関するお問い合わせ、乱丁・落丁などのご連絡は下記にて承ります。
https://nkbp.jp/booksQA